Isenberg/Rebholz · Alles über Motorroller

W0188280

HANS G. ISENBERG
HELMUT REBHOLZ

Alles über Motorroller

MOTORBUCH VERLAG STUTTGART

Einbandgestaltung: Siegfried Horn
unter Verwendung von Dias von Hans G. Isenberg

Fotos: Nuzzo, Moesch, Baun, Widdecke, Biedermann, Kirn, Schwab, Kubisch,
autopress Neckarsulm und Vespa Augsburg.
Alle anderen Fotos Hans Georg Isenberg.

DANK
Wir bedanken uns für die freundliche Hilfe und Mitarbeit der Kollegen Friedemann
Kirn, Michl Koch, Ulrich Kubisch, Giovanni Nuzzo, Axel Westphal, Peter Limmert,
Fred Siemer, Frank-Albert Illg und Achim Biedermann.
Ferner ein herzliches Dankeschön an den Lektor Siegfried Rauch sowie an Herrn
Rauser von Vespa in Augsburg und an Frau Zartmann von autopress aus
Neckarsulm für ihr wertvolles Archiv-Material.

ISBN 3-613-01030-5

1. Auflage 1986
Copyright © by Motorbuch Verlag, Postfach 1370, 7000 Stuttgart 1.
Eine Abteilung des Buch- und Verlagshauses Paul Pietsch GmbH & Co. KG.
Sämtliche Rechte der Verbreitung — in jeglicher Form und Technik — sind
vorbehalten.
Satz und Druck: Johannes Illig, 7320 Göppingen
Bindung: Verlagsbuchbinderei Wilhelm Nething, 7315 Weilheim.
Printed in Germany

Inhalt

Vorwort

EIN PAAR WORTE NUR . . .

Die Rollerwelle rollt − unaufhaltsam. Nach den stürmischen fünfziger Jahren und dem Abebben der Zweiradwelle schlechthin haben noch nicht einmal intime Kenner der Szene dem Motorroller eine Chance gegeben − mitnichten. Seit der Premiere der ersten Vespa von Piaggio wurden bis heute sage und schreibe acht Millionen Exemplare in alle Welt verkauft. Zwischenzeitlich tummeln sich auch die japanischen Motorradgiganten und ein paar verwegene Exoten im Fahrwasser der Azzurris.
Rollerfahren ist wieder schick und ganz nebenbei auch noch wirtschaftlich. So verwundert es nicht, daß immer mehr Modellvarianten mit ständig verbesserter Technik angeboten werden. Dieses Buch soll ein Leitfaden für jene sein, die sich mit der Anschaffung eines Rollers beschäftigen. Dem Sammler und Liebhaber soll es eine Vertiefung mit den historischen Wurzeln des Rollerbaus verschaffen. Darüber hinaus zeigt dieses Buch aber auch, wie breit das Einsatzgebiet des Motorrollers geworden ist − es reicht nämlich vom harten Rennsport bis zur touristischen Weltreise. Erlaubt ist, was Spaß macht. Und so soll es schließlich sein.

1 Historie

Um die wirklich schlauen Ideen der Menschheit auf ihren tieferen Sinn zu durchleuchten, hat es meist eines bedeutenden Philosophen bedurft. Der Spanier José Ortega y Gasset vertrat eine Philosophie der reinen Vernunft, beschäftigte sich nebenher mit der Entwicklung der modernen Technik und faßte den Zusammenhang zwischen technischer Entwicklung und der menschlichen Faulheit folgendermaßen zusammen: »Es gibt keine Entwicklung der Technik, die nicht aus dem Gedanken heraus geboren wurde, daß der Mensch seine Aufgaben und Verrichtungen in größerer Bequemlichkeit vollbringen könnte.«

Der Motorroller ist viel näher an dem dran, was Ortega y Gasset mit dem nach Bequemlichkeit strebenden Menschen gemeint hat. Dieses ruhige und gelassene Wesen der Fortbewegung mit dem Motorroller begann sich schon ziemlich früh in der Entwicklung der Kraftfahrzeuge abzuzeichnen.

1894 entsteht das erste Motorrad Gleich das erste Serien-Motorrad der Welt, die als »Motorrad« patentierte Hildebrand und Wolfmüller aus dem Jahr 1894, trug nennenswerte Rollerzüge. Durch konsequenten Verzicht auf das Getriebe in der Kraftübertragung geriet der gewaltige 1500-cm^3-Motor bemerkenswert kompakt. Die beiden mächtigen Zylinder liegen zwischen den Füßen des Fahrers. Diese Bauart sorgt für niedrigen Schwerpunkt und entsprechend spielerische Handling-Eigenschaften. Die Kraft der beiden Kolben gelangt auf direktem Weg an die Hinterachse. Beide Pleuel greifen nämlich direkt am Hinterrad an, die Kurbelwelle geht durch die Radnabe. Das so gestaltete Fahrzeug fuhr sich, wenn es erst einmal fuhr, bemerkenswert leicht und einfach. Wer ein Fahrrad bewegen konnte, der war auch in der Lage, eine Hildebrand und Wolfmüller zu dirigieren.

Aber bis das erste Motorzweirad der Welt sich in Bewegung setzte, waren Einfühlungsvermögen und Berufserfahrung eines gewieften Mechanikers mit perfekter Ausbildung zum Dampfma-

8

schinisten notwendig. Dem philosophischen Hang zu bequemer Beförderung war somit ein zu hoher Einstiegspreis beschieden.

Das Motorrad erfuhr in den folgenden Jahren um die Jahrhundertwende die straff organisierte Entwicklung zum sportlich-spartanischen Sportgerät. Nach und nach setzte sich wohl eine sparsame Federung des Vorderrades durch, doch dominantes Merkmal des Fortschritts waren steigende Motorleistung und wachsende Geschwindigkeit: Im Jahr 1904 scheuchte der Rennfahrer Martin Geiger seine 2,5 PS starke NSU in wahrem Wahnsinnstempo die 9,6 Kilometer lange Auffahrt zum Feldberg im Taunus empor und siegte im Rennen mit einer Durchschnittsgeschwindigkeit von 38 km/h. Doch schon fünf Jahre später stellte eine 750er NSU in Los Angeles den ersten Geschwindigkeits-Weltrekord der Motorrad-Geschichte auf: 124 km/h.

Die Idee zum sanften Motorradfahren kam aus Amerika. Die Zweiradpiloten sollten nicht mehr mühsam auf ihre hohen Gefährte klettern müssen, so befanden die Erfinder des Autoped-Everready getauften Gefährtes, das zum ersten Mal die Roller-typischen, zehn Zoll kleinen Räder aufwies. Dadurch konnten sogar Damen den Everready problemlos besteigen.

Die Grundidee kam aus Amerika

Danach mußte der Fahrer einen Hebel zum Starten des Motors ziehen und zum Beschleunigen einen Hebel betätigen, den er zum Abbremsen einfach wieder loslassen mußte. Das war schon ein deutlicher Fortschritt zu jener Zeit, da die meisten Motorräder noch über ein rundes Dutzend Bedienungshebel verfügten, die zudem noch über Tank, Rahmen und Motor verstreut waren.

Nach dem Ersten Weltkrieg bestand vor allem in Deutschland ein enormes Beförderungs-Defizit. Transportmittel wie Autos waren infolge Steuern und Benzinpreise praktisch unerschwinglich geworden. Der Waffenkonzern Krupp in Essen übernahm in die Zeit die Lizenzfertigung des Everready-Rollers.

Der erste deutsche Roller wird bei Krupp gebaut

Dessen Frontantriebskonzept mit einem neben dem Vorderrad angeordneten gekapselten Motor fand nur wenig Nachahmer. Doch als Konstrukteur Fritz Cockerell 1922 das Auto-Zweirad auf die Räder stellen wollte, da griff er wieder auf den Vorderradantrieb zurück. Das Getriebe erschien ihm als unzumutbar kompliziert in Aufbau und Bedienung, und so speichte er einen Fünfzylinder-Sternmotor direkt in das Vorderrad ein. Die Kurbelwelle trieb das Vorderrad über einen Planetenradsatz an – eine Kupplung gab es nicht. Deshalb mußten die Megola-Piloten zwangsläufig bei jeder Fahrtpause den rotierenden Motor abwürgen und hinterher wieder anschieben.

Die Megola mit Sternmotor im Vorderrad

9

Unter komfortabler, bequemer Bedienung mag sich mancher Megola-Käufer etwas anderes vorgestellt haben. Immerhin war die Megola vorn und hinten schon ein wenig gefedert. Der dadurch erkaufte Komfort machte sich aber negativ bemerkbar, wenn es um direktes, präzises Lenkverhalten ging, so daß die Rennversion der Megola zumindest am Hinterrad ungefedert bleiben mußte.

DKW in Zschopau baut das Lomos-Sesselrad In Jörgen Skafte Rasmussens junger Zschopauer Zweiradfabrik wurde 1922 das Lomos-Sesselrad gebaut. Durch die kleineren Räder als bei den Motorrädern war der Lomos schon ein sehr handliches Zweirad mit Rollercharakteristik. Der tiefgezogene Rahmen ermöglichte freien Durchstieg vor dem Fahrersitz. Und sogar eine richtige Federung mit Schwingen vorn und hinten war serienmäßig. Der Motor wurde erstmals versteckt unter dem Fahrersitz eingebaut. Er fächelte sich mit einem Lüfterrad die nötige Kühlluft zu und übertrug die aus 142 Kubikzentimetern produzierten zweieinhalb Pferdestärken über Kegelscheibenkupplung und Riemenantrieb auf das Hinterrad.

Atemberaubende Fahrleistungen sind damit natürlich nicht möglich gewesen.

Das Zweirad wird gesellschaftsfähig Doch das Zweirad war nun zum ersten Mal in der Geschichte des Zweirades auch für diejenigen gesellschaftsfähig geworden, die nur wenig Ambitionen zum Rennfahrer oder Mechaniker hatten. Und immerhin ließ sich der DKW-Sesselroller rund 2000 mal verkaufen. Zu einer Zeit, in der solch ein Fahrzeug für Millionen und später sogar für Milliarden Inflationsmark gekauft werden mußte, war das eine Sensation.

Immerhin konnten alle, denen der DKW-Sesselroller zu langsam war, auf ein wahres Ungetüm der Zweiradtechnik zurückgreifen. Die Mars wuchtete nämlich stolze 7,3 PS über Kettenantrieb ans Hinterrad und besaß schon einen Stahlblechrahmen.

Die Mars kam übrigens mit zwei Gängen aus. Da der mächtige Boxermotor vom Luftfahrt-Spezialisten Maybach längst eingebaut war, blieb kaum noch Platz für ein normales Zahnrad-Getriebe (die Mars wäre sonst womöglich drei Meter lang geworden). Deshalb rückten ihre Konstrukteure die zweistufige Kettenübertragung unter den Sitz, und der Fahrer stellte am Schalthebel nach Bedarf auf schnell oder langsam.

Der große Motor mit geringer Literleistung brauchte schon damals kaum geschaltet werden, und die zwei Gänge genügten vollauf.

Die Zukunft gehörte schon in den frühen zwanziger Jahren dem

10

kleinen, leichten und problemlos zu bedienenden Roller. Und die schlauesten Ideen zu seiner Realisierung kamen wiederum aus Amerika. Mit dem Ziel, ein Motorrad mit Auto-ähnlichem Bedienungskomfort zu bauen, entstand das Near-a-car, das seine Autoverwandschaft auch im Namen deutlich machte: »Fastein-Auto«.

Auch bei der Vorderradaufhängung ging man beim Near-a-car neue Wege. Die Langschwinge mit Achsschenkellenkung wurde geboren, und außerdem gab es ein stufenloses Getriebe in der Kraftübertragung. Zwei rechtwinklig zueinander laufende Stahlscheiben mit Reibbelag übertrugen die Antriebskraft stufenlos, je nach Hebelstellung für schnelle oder langsame Fahrt.

Es gab zwar nie allzuviele Near-a-car auf dem europäischen Kontinent, doch eine bemerkenswerte Eigenschaft von ihnen wurde gefürchtet: Die offenlaufende Kraftübertragung verlangte vom Fahrer stets korrekte Bekleidung. Herunterbaumelnde Gürtel oder Schals neigten dazu, sich mit verheerenden Folgen um die Antriebswellen zu wickeln!

Inzwischen versuchte die weltweit sprießende Zubehör-Industrie dem Motorradfahrer den Schutz und die Bequemlichkeit zu bieten, die er wegen der sportlichen Konzeption des Motorrades vermißte. Die Firma Tom Ltd. aus Buckingham Gate im Südwesten Londons rühmte sich der Erfindung wetterfester Verkleidung. Ihre Spritzschutzdecken von 1923 nahmen die Wirkung der Beinschilder späterer Roller-Generationen vorweg, und die durchsichtigen Windschutzscheiben sorgten dafür, daß auch die oberen Extremitäten der Fahrer ein wenig Schutz vor Fahrtwind und Wetter hatten. Der Preis für einen kompletten Anbausatz betrug damals drei Pfund Sterling und zehn Shilling (das waren immerhin mehr als 70 Mark − viel Geld in jenen Tagen)!

Wetterfeste Verkleidung aus England

Freilich darf trotzdem bezweifelt werden, ob Motorradfahren so, wie es die Tom-Werbung versprach, auch im Winter zu einer völlig neuen Fahrfreude wurde. Der Winter ist nun mal keine richtige Zweiradzeit. Zwar kann ein ambitionierter Fahrer mit ordentlicher Ausrüstung sich recht zügig durch die Gegend bewegen, aber eine echte, beliebte Volks-Sportart ist aus dem Zweiradfahren im Winter nie geworden.

Dafür kam die Zeit, da wieder besonders billige, leichte und sparsame Fahrzeuge gefragt waren, die wenigstens einen geringen Wetterschutz bieten konnten. Wie schon oft in der Geschichte der Technik beflügelten die entbehrungsreichen Jahre nach dem Zweiten Weltkrieg die Entwicklung eines völlig neuen Fahrzeug-

Billig-Fahrzeuge sind gefragt

Hier wurden die ersten Vespen gebaut – bei Piaggio in Genua

typs. Diesmal war die große Zeit der Roller wirklich gekommen. Der Fahrzeugbestand in Europa war durch die Folgen des Krieges stark ausgedünnt. Das Geld war knapp, das Benzin noch knapper. Und in diese Situation hinein fiel die neue Fahrzeugkonzeption des ehemaligen Flugzeug-Bauers Piaggio auf fruchtbaren Boden.

An der Vespa war auch wirklich alles anders als bei herkömmlichen Motorrädern. Das Fahrwerk bestand aus Stahlblech. Das hatte den Vorteil einfacher, schneller Fertigung. Ein Rohrrahmen, wie bei Motorrädern üblich, muß dagegen erst gebogen, zusammengesetzt und verschweißt werden und war somit für preisgünstige Großserienfertigungen wesentlich weniger geeignet.

Vespa zeigt den neuen Weg

Der Vespa-Motor war von Anfang an ein Zweitakt-Drosselmotor. In einem einzigen Gehäuse verbargen sich Motor, Getriebe und Radantrieb. Das Ganze wurde mit dem Rahmen, dem Federbein und dem Hinterrad verschraubt – fertig war die Triebsatzschwinge.

Die gesamte Technik der Vespa ließ sich problemlos unter der Blechverkleidung unterbringen. Nur der Kickstarter ragte seitlich hervor, und so war ein völlig neues Verständnis der Fahrmaschine entstanden: Vergessen die prunkvolle Selbstdarstellung der Motorrad-Triebwerke. Vergessen auch die jubelnden PS-Anga-

12

Das war der erste serienreife Vespa-Motorroller von 1945. Er hieß Paperino und wurde nur einhundertmal gebaut

ben und der ständige Hinweis auf Rennsiege. Völlig neu die braven, alltagstauglichen Eigenschaften der Roller mit der zähen Haltbarkeit ihrer gedrosselten Motoren. Völlig neu die anonyme Technik. Ein Rollerfahrer brauchte kein Mechaniker mehr zu sein.

Die erste Vespa holte zarte fünf PS aus 125 Kubikzentimetern, und es gelang ihr auf Anhieb, einen Kontinent zu motorisieren. Ganz Italien fuhr Roller, und der Rest der Welt machte es nach. Natürlich erst, nachdem sich die Piloten an ein paar spezielle Eigenheiten der neuen Fahrzeug-Generation gewöhnt hatten.

Technisches Verständnis war kaum mehr nötig

Etwa an die winzigen Rädchen, die für etwas gewöhnungsbedürftige Fahreigenschaften sorgten. Da den kleinen Rädchen die hohen Kreiselkräfte fehlten, konnte sich auch bei hohen Geschwindigkeiten das stabilisierende Moment nicht so aufbauen wie bei Motorrädern, denen es ihren unbeirrbaren Geradeauslauf verleiht.

Im Vergleich dazu spuren Roller mit der Zielstrebigkeit einer elektrisierten Ringelnatter, je kleiner die Räder, desto schlimmer. Und die Räder der ersten Vespa waren besonders klein – acht Zoll im Durchmesser. Vielleicht wirken deshalb alle Vespa-Fahrer ständig, als wären sie ein wenig angetrunken. Wer jemals versucht hat, einen Roller auf geradem Kurs zu halten, der weiß, daß ein leichtes Schlingern entlang der gedachten Fahrtrichtung

Das Modell von 1949 hatte schon fast die Form der heutigen Vespen. Nur der Scheinwerfer saß noch auf dem Vorderradkotflügel

In Genua gesichtet: Ein eigenwilliger Eigenbau für den Wintereinsatz mit Walzenantrieb und Gleitkufe fürs Vorderrad

Eine Rarität aus dem Jahre 1948. Schon damals: Rahmen aus Stahlblech-Preßteilen, 125er Zweitakt-motor und einseitige Radaufhängung auf der rechten Seite

vollkommen normal ist. Anders als beim Motorrad wird der Roller auch nicht mit festem Griff in die Kurven hineingezirkelt, sondern mit lockerem Zügel in die gewünschte Richtung dirigiert.

Die Richtung der Vespa hat trotzdem genau gestimmt: Seit ihrer Premiere im Jahr 1948 wurden bis heute über acht Millionen Stück gebaut.

Natürlich schlief auch die Konkurrenz nicht. Weltweit schossen die Rollerfabriken wie Pilze aus dem Boden. Wer einen Roller bauen wollte, hatte zwei Möglichkeiten: Entweder eine Lizenz-fertigung der bewährten und erfolgreichen Produkte, um teure Entwicklungskosten zu sparen, oder selbst eine bessere Idee zu realisieren. NSU etwa sammelte mit einer Lizenz der Lambretta solange Roller-Erfahrung, bis der eigene Entwurf, die NSU-Prima, weiter gereift war als das Original aus Italien.

Doch das imponierendste Exemplar der ganzen Roller-Ahnengalerie stammte wieder aus den Händen erfolgreicher Flugzeug-Konstrukteure: Der Heinkel-Tourist wurde trotz der Leichtbauerfahrung seiner Erfinder ein gewichtiges Fahrzeug. Doch die 156 kg Leergewicht durften mit weiteren 198 kg Zuladung belastet werden. Ein großer Gepäckträger hinten auf dem Ersatzrad und ein zweiter vorn über dem Scheinwerfer ließen kaum Probleme bei der Gepäckunterbringung aufkommen. Wem diese beiden Träger noch zu wenig waren, der packte weiteres Gepäck,

Der Heinkel-Tourist wird geboren

Die gute alte Zündapp-Bella: Mit robusten Rahmen, großem Vorderrad und Telegabel als Radaufhängung

Eines der Nach-folge-Modelle des legendären Dreirads „Ape" (Biene) von Piaggio, dessen Produktion 1949 aufgenommen wurde. Hier eine offene „Cabrio-let-Version" mit Kastenaufsatz

Der Heinkel-Tourist wurde ebenfalls zur Legende. Er hatte einen robusten Viertaktmotor mit Elektrostarter. Das restaurierte Modell stammt aus dem Jahr 1960

wie etwa eine Campingausrüstung, einfach seitlich an die Karosserie − wie bei einem Packesel.

Annähernd unverwüstlich schien der 175 cm³ große und knapp zehn PS starke Viertaktmotor unter der Sitzbank des Heinkel. Er war nahezu kompromißlos auf Sparsamkeit ausgelegt. Der Ölbedarf im Zylinderkopf wurde durch die Schlepphebel der Ventilsteuerung gesichert, die Öl in kleinen Taschen sammelten und deren Füllung bei jedem Ventilhub entlang der Stößelstangen nach oben schleuderten.

Der Heinkel-Viertakter

Viele ungläubige Heinkel-Fahrer sollen nachgesehen haben, ob es auch richtig funktioniert. Doch jeder, der zur Kontrolle den Ventildeckel demontierte, bekam für seine Neugierde ein schwarzes Gesicht, wenn er sich über den laufenden Motor beugte: Die Ölschleuder funktionierte nämlich hervorragend.

Darauf ist sicher auch die außerordentliche Haltbarkeit der Heinkel-Roller mit zurückzuführen. Sie marschierten selbst mit wenig Pflege jahrelang anstandslos. Als die Wege des Wirtschaftswunders die Rollerfahrer zu den Autos hinüberspülte, konstruierte man in Feuerbach bei Heinkel ein kleines Auto mit dem Rollermotor. Die Heinkel-Kabine wog nur 100 kg mehr als der Roller und galt im Gegensatz zu jenem als Paradebeispiel für gekonnten Leichtbau. Doch die Kabine war recht teuer und blieb mit 10 PS immer ein etwas untermotorisiertes Fahrzeug.

Zäh und zuverlässig − der Heinkel-Tourist

17

Werbung anno 1953 für die Lambretta von NSU

▶

Ein Kassen-magnet der Film-branche war der Streifen „Roman Holiday" mit Gre-gory Peck und Audrey Hephurn. Auch andere Filmgrößen, wie James Stewart, William Holden, Marlon Brando, Henry Fonda, und Kim Novak, ließen sich gern mit einer Vespa sehen und filmen

▷▶

Einer der belieb-testen Motor-roller der fünfziger Jahre war die von NSU in Lizenz gebaute Lambretta

Ein interessanter Eigenbau aus der Nachkriegs-zeit, ein Goggo-Modell mit Ein-radanhänger

Mit hübschen Werbeauf-nahmen wollte Zündapp demon-strieren, daß die Bella auch ein ideales Damen-fahrzeug sei.

*Diese Fünferfor-
mation wurde
1957 bei einem
Vespa-Treffen in
Ludwigsburg auf-
genommen*

Als Heinkel 1964 seine Fertigung einstellte, ging eine Ära zu Ende. Die Heinkel liefen in Gesprächen am Stammtisch »fast
100 km/h«, in Wirklichkeit knapp 90 km/h und beladen noch etwas langsamer.

Die Geschichte der Motorroller ist die Geschichte der billigen
Fahrzeuge – der Kompromißvehikel aus Notzeiten. Seine Ge-
schichte kennt kaum spektakuläre Rekorde, kaum brillante
Höchstleistungen. Aber sie kennt die versonnene Zufriedenheit
derer, die sich regelrecht daran ergötzen konnten, daß sie ein
Fahrzeug hatten, das fuhr.

Nicht besonders schnell, dafür besonders wirtschaftlich und
sehr, sehr beschaulich. Die leisen Freuden des rollernden Vol-
kes mögen manchem heute noch als zu den schönsten Freuden
des Lebens gehörend erscheinen, gerade weil der Roller auch
ein Fahrzeug der Notzeiten war.

2 Marktübersicht

2.1 ALLE MOTORROLLER IN DEUTSCHLAND

Noch vor ein paar Jahren schienen die Hersteller von Rollern nahezu vom Aussterben bedroht. Doch das Blatt hat sich Anfangs der achtziger Jahre zum Besseren gewendet. Heute bieten renommierte Firmen (Vespa, Honda, Yamaha, Hercules, Bajaj, Benelli, Puch und Lambretta/Spanien) rund 30 Modelle von 50 bis 200 cm^3 an.

Wer die Wahl hat, hat die Qual, sagt ein altes Sprichwort. Doch in diesem Fall sollte man den klugen Satz nicht allzu wörtlich nehmen. Wahl kann auch Vielfalt bedeuten, das heißt, das Angebot an Motorrollern war in den vergangenen zehn Jahren noch nie so groß und gut wie gerade heute.

Da die meisten Hersteller, gemeint sind vor allem die zwei japanischen Großkonzerne Honda und Yamaha, auch Motorräder in ihrem Programm haben, werden diese beim Preis natürlich an gleichwertigen Motorrädern mit vergleichbarer Leistung und Hubraum gemessen.

Vorsprung durch Vielfalt Ein Vorteil, der in erster Linie dem Verbraucher zugute kommt. So verwundert es auch nicht, daß der teuerste Roller, der 14 PS starke Cygnus von Yamaha, 4368 DM inklusive Fracht kostet. Das Gros der Motorroller in Deutschland liegt jedoch einen runden Tausender tiefer bei 3400 DM. Vor diesem erfreulichen finanziellen Hintergrund lohnt sich auch die Anschaffung eines Rollers als Zweitfahrzeug neben dem Automobil. Erfreulich erschwinglich sind auch die Versicherungskosten, da fast alle Motorroller in die niedrigste Versicherungsklasse (bis 10 PS) passen. (Siehe auch Kapitel 5: Kaufberatung).

In der nachfolgenden Marktübersicht finden wir ein Kaleidoskop an Vielfalt, die vom kleinen einsitzigen Mokick-Roller bis zum langstreckentauglichen Roller alles zeigt, was die aktuelle Technik an Finessen bieten kann. Soviel vorab: Es ist für jeden Geldbeutel und für jeden Geschmack etwas dabei. Sei es nun die klassisch rassige Vespa mit ihrer unverkennbaren Wespentaille und dem knuffig runden Hinterteil, oder die gestreckte Eleganz eines High-Tech-Rollers aus Japan.

Zwei Welten, die hier aufeinandertreffen und sich dennoch nicht wehtun, weil sie eben so unterschiedlich sind. Ob die Kraftstoff-Anzeige auf dem Lenker sinnvoll ist oder nicht, muß sich jeder selbst beantworten können.

Was jedoch durchweg den Roller auszeichnet, ist sein hoher Gebrauchswert. Klar, ein Lastenesel ist er nicht. Kann er nicht sein und will er auch nicht sein. Der Roller ist ein Freiluft-Hobby wie das Motorrad auch. Natürlich taugt der Roller auch zum Einkaufen im Laden um die Ecke oder Supermarkt, wenn auch dafür eher das Auto benutzt wird. Den Roller nur als billiges Zweitfahrzeug hinzustellen, wäre ebenfalls nicht richtig. Er kann sehr wohl auch das einzige Fahrzeug sein. Und genau hier wird er seiner Rolle mehr und mehr gerecht. Speziell in den Städten und Ballungszentren dieses Landes kann er durchaus eine Alternative zum Angebot des Öffentlichen Nahverkehrs sein.

Der Bajaj Chetak 150 ist eine indische Kopie der früheren Vespa 150

Der Roller will auch nicht unbedingt das Allwetter- oder Alljahres-
fahrzeug sein. Dafür ist er nicht konzipiert, es fehlen ihm dazu
einfach zwei Räder. Und trotzdem offeriert er Möglichkeiten, die
je nach Mentalität zum Ziel führen können.

2.2 ALLE ROLLER MIT TECHNISCHEN DATEN, KURZCHARAKTERISTIK UND BILD

Bajaj Chetak 150

Hubraum:	145 cm^3
Leistung:	4,6 kW (6,3 PS) bei 5200/min
max. Drehmoment:	8 Nm (0,7 mkp) bei 4200/min
Einzylinder/Zweitakt, Drehschieber, Gebläsekühlung, Mischungs-
Schmierung aus dem Kraftstofftank 1:50
Bohrung×Hub:	57×57 mm
Verdichtung:	7,4:1
Vergaser-Typ und Durchlaß:	Bajaj, 17 mm ⌀
Zündung:	Schwunglicht-Magnet
Lichtmaschine:	42 Watt
Batterie:	6 V 13 Ah
Getriebe:	4 Gang-Handschaltung, Kickstarter
Hinterradantrieb:	Direktantrieb über Zahnräder
Rahmenbauart:	Selbsttragende Karosserie
Federweg vorn/hinten:	keine Angabe
Radstand:	1200 mm
Bremsen vorn/hinten:	Trommel/Trommel, beide 165 mm ⌀
Reifen vorn/hinten:	3,50−10/3,50−10
Sitzhöhe:	780 mm
Leergewicht (vollgetankt):	108 kg
zul. Gesamtgewicht:	300 kg
Tankinhalt/Reserve:	4/2,5 Liter
Kraftstoffverbrauch:	3,0 Liter/100 km
Höchstgeschwindigkeit:	85 km/h
Führerscheinklasse:	I
Preis (inkl. Nebenkosten):	2700 DM

Bemerkungen: Lizenz-Bau der Vespa PX 150 vom indischen Hersteller
Bajaj

Benelli S 125

Benelli S 125:
Eine der wenigen
Roller-Typen mit
Telegabel und
halbautomati-
schem Getriebe

Hubraum:	124 cm^3
Leistung:	7,5 kW (10 PS) bei 6700/min
max. Drehmoment:	11 Nm (1,0 mkp) bei 5200/min

Einzylinder/Zweitakt, Membran-gesteuert, Gebläsekühlung, Mischungs-Schmierung aus dem Kraftstofftank 1:100

Bohrung×Hub:	54×54,5 mm
Verdichtung:	10,2:1
Vergaser-Typ und Durchlaß:	Dellorto, 22 mm ⌀
Zündung:	kontaktlos
Lichtmaschine:	80 Watt Schwunglichtmagnet
Batterie:	12 V 9 Ah
Getriebe:	4-Gang über Automatik gekoppelt
Hinterradantrieb:	Zahnriemen
Rahmenbauart:	Einrohrramen
Federweg vorn/hinten:	keine Angabe
Radstand:	1260 mm
Bremsen vorn/hinten:	Trommel/Trommel
Reifen vorn/hinten:	3,50−10/3,50−10
Sitzhöhe:	690 mm
Leergewicht (vollgetankt):	95 kg
zul. Gesamtgewicht:	280 kg
Tankinhalt/Reserve:	6,5 Liter/2 Liter
Kraftstoffverbrauch:	2,8 Liter/100 km
Höchstgeschwindigkeit:	96 km/h
Führerscheinklasse:	I
Preis (inkl. Nebenkosten):	3655 DM

Bemerkungen: Einer der wenigen Roller, der vorn eine Telegabel anstelle einer Schwinge hat. Gute Fahrleistungen mit interessantem halbautomatischem Getriebe.

24

Honda SH 50 Scoopy

*Der Honda SH 50
ist einer der
meistverkauften
Roller in Japan*

Hubraum:	49 cm³
Leistung:	2 kW (2,7 PS) bei 5000/min
max. Drehmoment:	3,8 Nm (0,3 mkp) bei 4500/min

Einzylinder/Zweitakt, schlitzgesteuert, Gebläsekühlung, Getrenntschmierung über Ölpumpe aus separatem Öltank

Bohrung×Hub:	40×39,3 mm
Verdichtung:	7,1:1
Vergaser-Typ und Durchlaß:	Mikuni, 14 mm ∅
Zündung:	CDI kontaktlos
Lichtmaschine:	98 Watt Schwunglichtmagnet
Batterie:	12 V 4 Ah
Getriebe:	Keilriemenautomatik
Hinterradantrieb:	Keilriemen
Rahmenbauart:	Rohrramen mit Profilblechseiten und Triebsatzschwinge
Federweg vorn/hinten:	65 mm/65 mm
Radstand:	1210 mm
Bremsen vorn/hinten:	Trommel/Trommel
Reifen vorn/hinten:	2,50−16/2,75−16
Sitzhöhe:	750 mm
Leergewicht (vollgetankt):	75 kg
zul. Gesamtgewicht:	255 kg
Tankinhalt/Reserve:	4,5 Liter
Kraftstoffverbrauch:	2,2 Liter/100 km
Höchstgeschwindigkeit:	40 km/h
Führerscheinklassen:	IV, III, II, I und Ib
Preis (inkl. Nebenkosten):	2108 DM

Bemerkungen: Pfiffiger Mokick-Roller mit E- und Kickstarter. Sehr
fahrstabil wegen der großen 16-Zoll-Räder. Identisch mit SH 80, bis auf
den Motor.

Honda NH 50 Lead

Der NH 50 Lead ist ein Automatik-Roller mit 2,4 PS Leistung

Hubraum:	49 cm³
Leistung:	1,8 kW (2,4 PS) bei 5500/min
max. Drehmoment:	3,8 Nm (0,3 mkp) bei 400/min

Einzylinder/Zweitakt, schlitzgesteuert, Gebläsekühlung, Getrenntschmierung über Ölpumpe aus separatem Öltank

Bohrung×Hub:	40×39,3 mm
Verdichtung:	7,9:1
Vergaser-Typ und Durchlaß:	Mikuni, 14 mm ∅
Zündung:	CDI Zündung
Lichtmaschine:	85 Watt Schwunglichtmagnet
Batterie:	12 V 4 Ah
Getriebe:	Stufenlose Keilriemenautomatik mit Variatorscheiben
Hinterradantrieb:	Keilriemen
Rahmenbauart:	Zentralrohrrahmen
Federweg vorn/hinten:	81 mm/78 mm
Radstand:	1170 mm
Bremsen vorn/hinten:	3,00−10/3,00−10
Reifen vorn/hinten:	Trommel 110 mm ∅, Trommel 95 mm ∅
Sitzhöhe:	730 mm
Leergewicht (vollgetankt):	78 kg
zul. Gesamtgewicht:	258 kg
Tankinhalt/Reserve:	5,3 Liter
Kraftstoffverbrauch:	3,6 Liter/100 km
Höchstgeschwindigkeit:	40 km/h
Führerscheinklassen:	IV, III, II, I und I b
Preis (inkl. Nebenkosten):	2608 DM

Bemerkungen: Der NH 50 ist identisch mit dem NH 80 außer dem
kleineren Motor. Sehr günstige Versicherungsklasse, da er als Mokick
eingestuft wird.

26

Honda Melody NB 50

Mit dem Melody, einem Einsitzer, stieg Honda 1982 in die neue Roller-Ära ein

Hubraum:	49 cm^3
Leistung:	2 kW (2,6 PS) bei 6000/min
max. Drehmoment:	4,45 Nm (0,4 mkp) bei 3500/min

Einzylinder/Zweitakt, schlitzgesteuert, Gebläsekühlung, Getrenntschmierung über Ölpumpe aus separatem Öltank

Bohrung×Hub:	40×39,3 mm
Verdichtung:	6,8:1
Vergaser-Typ und Durchlaß:	Mikuni, 12 mm ∅
Zündung:	CDI kontaktlos
Lichtmaschine:	70 Watt Schwunglichtmagnet
Batterie:	12 V 4 Ah
Getriebe:	Stufenlose Keilriemenautomatik mit Variatorscheiben
Hinterradantrieb:	Keilriemen
Rahmenbauart:	Pressblechrahmen
Federweg vorn/hinten:	55 mm/60 mm
Radstand:	1095 mm
Bremsen vorn/hinten:	Trommel/Trommel
Reifen vorn/hinten:	2,75−10/2,75−10
Sitzhöhe:	690 mm
Leergewicht (vollgetankt):	57 kg
zul. Gesamtgewicht:	144 kg
Tankinhalt/Reserve:	3,2 Liter
Kraftstoffverbrauch:	2,6 Liter/100 km
Höchstgeschwindigkeit:	40 km/h
Führerscheinklassen:	IV, III, II, I und I b
Preis (inkl. Nebenkosten):	2148 DM

Bemerkungen: Reiner Einsitzer, sehr wendig und zuverlässig, serienmäßig mit Gepäckträger, Gepäckkorb im Honda-Zubehörangebot, Kunststoff-Karosserie, automatischer Choke, E-Starter und Kickstarter.

Honda SH 80

Baugleich mit dem SH 50, jedoch mit 5,8 PS starkem Zweitaktmotor

Hubraum:	79 cm³
Leistung:	4 kW (5,8 PS) bei 6000/min
max. Drehmoment:	8,0 Nm (0,8 mkp) bei 400/min

Einzylinder/Zweitakt, Gebläsekühlung, Getrenntschmierung über Ölpumpe aus separatem Öltank

Bohrung×Hub:	48×44 mm
Verdichtung:	6,8:1
Vergaser-Typ und Durchlaß:	Keihin, 16 mm ⌀
Zündung:	CDI-Zündung
Lichtmaschine:	91 Watt Wechselstromgenerator
Batterie:	12 V 5 Ah
Getriebe:	Stufenlose Keilriemenautomatik
Hinterradantrieb:	Keilriemen
Rahmenbauart:	Einrohrrahmen mit Triebsatzschwinge
Federweg vorn/hinten:	65 mm/65 mm
Radstand:	1210 mm
Bremsen vorn/hinten:	Trommel/Trommel
Reifen vorn/hinten:	2,50−16/2,75−16
Sitzhöhe:	750 mm
Leergewicht (vollgetankt):	71 kg
zul. Gesamtgewicht:	255 kg
Tankinhalt/Reserve:	4,5 Liter
Kraftstoffverbrauch:	3,0 Liter/100 km
Höchstgeschwindigkeit:	75 km/h
Führerscheinklassen:	I, III, II und I b
Preis (inkl. Nebenkosten):	2308 DM

Bemerkungen: Spurstabiler Leichtkraftradroller (16-Zoll-Räder). Leider sehr teure Versicherungsklasse. Serienmäßig mit Kick- und E-Starter.

Honda NH 80 Lead

In der Karosserie unterscheiden sich Lead 50 und 80 nicht. Nur die Leistung ist beim 80er doppelt so hoch

Hubraum:	79 cm^3
Leistung:	5 kW (6,8 PS) bei 6000/min
max. Drehmoment:	8,2 Nm bei 4000/min

Einzylinder/Zweitakt, Membran gesteuert, Gebläsekühlung, Getrenntschmierung über Ölpumpe aus separatem Öltank

Bohrung × Hub:	48 × 44 mm
Verdichtung:	6,8:1
Vergaser-Typ und Durchlaß:	Keihin, 16 mm $\emptyset$
Zündung:	CDI kontaktlos
Lichtmaschine:	91 Watt Wechselstromgenerator
Batterie:	12 V 5 Ah
Getriebe:	Automatik mit Variatorscheiben (stufenlos)
Hinterradantrieb:	Keilriemen
Rahmenbauart:	Zentralrahmen
Federweg vorn/hinten:	81 mm/78 mm
Radstand:	1170 mm
Bremsen vorn/hinten:	Trommel 110 mm $\emptyset$/Trommel 95 mm $\emptyset$
Reifen vorn/hinten:	3,50 − 10/3,50 − 10
Sitzhöhe:	730 mm
Leergewicht (vollgetankt):	80 kg
zul. Gesamtgewicht:	240 kg
Tankinhalt/Reserve:	5,3 Liter
Kraftstoffverbrauch:	4,1 Liter/100 km
Höchstgeschwindigkeit:	70 km/h
Führerscheinklassen:	III, II, I und Ib
Preis (inkl. Nebenkosten):	2832 DM

Bemerkungen: Ein moderner Roller mit Kunststoff-Karosserie und ansprechenden Fahrleistungen.

Honda NH 125 Lead

Das Top-Modell von Honda heißt Lead 125. Es hat einen 10-PS-Motor und stufenlose Keilriemen-Automatik

Hubraum:	124 cm³
Leistung:	7 kW (10 PS) bei 7000/min
max. Drehmoment:	12 Nm (1,1 mkp) bei 4500/min

Einzylinder/Zweitakt, schlitzgesteuert, Gebläsekühlung, Getrennt-schmierung über Ölpumpe aus separatem Öltank

Bohrung×Hub:	55×52,4 mm
Verdichtung:	6,7:1
Vergaser-Typ und Durchlaß:	Keihin, 18 mm ⌀
Zündung:	kontaktlos
Lichtmaschine:	110 Watt
Batterie:	12 V 5 Ah
Getriebe:	Keilriemen-Automatik, Kickstarter und E-Starter
Hinterradantrieb:	Zahnriemen
Rahmenbauart:	Zentralrohrrahmen
Federweg vorn/hinten:	81/78 mm
Radstand:	1205 mm
Bremsen vorn/hinten:	Trommel/Trommel
Reifen vorn/hinten:	3,50−10/3,50−10
Sitzhöhe:	733 mm
Leergewicht (vollgetankt):	93 kg
zul. Gesamtgewicht:	267 kg
Tankinhalt/Reserve:	7 Liter, keine Reserve, da Kraftstoff-Anzeige
Kraftstoffverbauch:	4,9 Liter/100 km
Höchstgeschwindigkeit:	87 km/h
Führerscheinklasse:	I
Preis (inkl. Nebenkosten):	3465 DM

Bemerkungen: Gute Kunststoff-Karosserie, Start-Automatik kein Choke, E-Starter und voll instrumentiertes Cockpit, relativ hoher Verbrauch, jedoch gute Automatik, auch für zwei Personen gut geeignet.

Diese Lambretta 125 Lince wird im spanischen Eibar gebaut

Lambretta 125 LI

Hubraum:	123 cm^3
Leistung:	4,5 kW (5,8 PS) bei 5000/min
max. Drehmoment:	8 Nm (0,7 mkp) bei 4000/min
Einzylinder/Zweitakt, schlitzgesteuert, Gebläsekühlung, Mischungs-Schmierung aus dem Kraftstofftank 1:50	
Bohrung×Hub:	52×58 mm
Verdichtung:	7:1
Vergaser-Typ und Durchlaß:	Amal, 18 mm $\varnothing$
Zündung:	Batterie-Spulenzündung
Lichtmaschine:	25 Watt Schwunglichtmagnet
Batterie:	6V 4Ah
Getriebe:	4-Gang-Handschaltung; Kickstarter
Hinterradantrieb:	über gekapselte Kette
Rahmenbauart:	Zentralrohrrahmen
Federweg vorn/hinten:	keine Angabe
Radstand:	1290 mm
Bremsen vorn/hinten:	Trommel/Trommel
Reifen vorn/hinten:	3,50−10/3,50−10
Sitzhöhe:	770 mm
Leergewicht (vollgetankt):	100 kg
zul. Gesamtgewicht:	285 kg
Tankinhalt/Reserve:	8,5/0,8 Liter
Kraftstoffverbrauch:	4,1 Liter/100 km
Höchstgeschwindigkeit:	80 km/h
Führerscheinklasse:	I
Preis (inkl. Nebenkosten):	3144 DM

Puch Lido 50 Vario

Hubraum:	48 cm^3
Leistung:	2 kW (3 PS) bei 5300/min
max. Drehmoment:	4,4 Nm (0,4 mkp) bei 4750/min

Einzylinder/Zweitakt, Membran-gesteuert, Gebläsekühlung, Getrenntschmierung über Ölpumpe aus separatem Öltank

Bohrung × Hub:	41 × 37,4 mm
Verdichtung:	6:1
Vergaser-Typ und Durchlaß:	Mikuni, 18 mm ∅
Zündung:	CDI kontaktlos
Lichtmaschine:	80 Watt Schwunglichtmagnet
Batterie:	12 V 4 Ah
Getriebe:	Keilriemen-Variomatik stufenlos
Hinterradantrieb:	Keilriemen
Rahmenbauart:	Rohrrahmen mit Triebsatzschwinge
Federweg vorn/hinten:	70 mm/60 mm
Radstand:	1160 mm
Bremsen vorn/hinten:	Trommel/Trommel
Reifen vorn/hinten:	3,00/−10/3,00−10
Sitzhöhe:	750 mm
Leergewicht (vollgetankt):	76 kg
zul. Gesamtgewicht:	270 kg
Tankinhalt/Reserve:	5,5 Liter, Benzinstandanzeige
Kraftstoffverbrauch:	3,1 Liter/100 km
Höchstgeschwindigkeit:	40 km/h
Führerscheinklassen:	VI, III, II und Ib
Preis (inkl. Nebenkosten):	2699 DM

Bemerkungen: Neuer Mokick-Roller von Puch, der in Spanien gebaut
wird. Der Roller hat vorn wie der Benelli S 125 eine Telegabel anstelle
der Schwinggabel.

*Die österreich-
ische Firma Puch
vertreibt für
Suzuki den Lido
Vario*

Puch Lido 125 CD

Hubraum:	124 cm^3
Leistung:	6,2 kW (8,5 PS) bei 7500/min
max. Drehmoment:	8 Nm (0,8 mkp) bei 4000/min
Einzylinder/Viertakt, Gebläsekühlung, Naßsumpfschmierung	
Bohrung×Hub:	57×48,8 mm
Verdichtung:	8,5:1
Vergaser-Typ und Durchlaß:	Mikuni
Zündung:	kontaktlos
Lichtmaschine:	130 Watt
Batterie:	12 V 8 Ah
Getriebe:	3-stufige Keilriemen-Automatik, Kick- und E-Starter
Hinterradantrieb:	Direktantrieb
Rahmenbauart:	Einrohrrahmen
Federweg vorn/hinten:	55/85 mm
Radstand:	1250 mm
Bremsen vorn/hinten:	Trommel/Trommel
Reifen vorn/hinten:	3,50−10/3,50−10
Sitzhöhe:	760 mm
Leergewicht (vollgetankt):	106 kg
zul. Gesamtgewicht:	295 kg
Tankinhalt/Reserve:	5,5 Liter
Kraftstoffverbrauch:	2,9 Liter/100 km
Höchstgeschwindigkeit:	81 km/h
Führerscheinklasse:	I
Preis (inkl. Nebenkosten):	3399 DM

Bemerkungen: Der Roller stammt von Suzuki in Japan, wird jedoch von Puch vertrieben und verkauft. Motor sehr laufruhig. Hat jedoch gegen gleichwertige Zweitakter schwächlichen Durchzug. Für Zweimannbetrieb kaum geeignet.

Lido 125 CD: Sparsamer Viertakter mit mäßigen Fahrleistungen, aber problemlosem Fahrwerk

Hercules City CV 50

Hubraum:	48 cm^3
Leistung:	2 kW (2,7 PS) bei 5000/min
max. Drehmoment:	4,4 Nm (0,4 mkp) bei 4500/min

Einzylinder/Zweitakt, Membran-gesteuert, Gebläsekühlung, Getrennt-schmierung über Ölpumpe aus separatem Öltank

Bohrung×Hub:	40×39,2 mm
Verdichtung:	6,6:1
Vergaser-Typ und Durchlaß:	Mikuni, 13 mm ⌀
Zündung:	CDI kontaktlos
Lichtmaschine:	45 Watt Schwunglichtmagnet
Batterie:	6 V 8 Ah
Getriebe:	stufenlose Keilriemen-Variomatik
Hinterradantrieb:	Keilriemen
Rahmenbauart:	Einrohrrahmen mit Kunststoffkarosserie
Federweg vorn/hinten:	55 mm/53 mm
Radstand:	1200 mm
Bremsen vorn/hinten:	Trommel/Trommel
Reifen vorn/hinten:	3,50−10/3,50−10
Sitzhöhe:	760 mm
Leergewicht (vollgetankt):	89 kg
zul. Gesamtgewicht:	292 kg
Tankinhalt/Reserve:	4,7 Liter, Bezinstandanzeige
Kraftstoffverbrauch:	2,8 Liter/100 km
Höchstgeschwindigkeit:	40 km/h
Führerscheinklassen:	IV, III, II, I und Ib
Preis (inkl. Nebenkosten):	2998 DM

Bemerkungen: Der Hercules Mokick-Roller ist bis auf den Motor identisch mit dem City CV 80.

Hercules koope-riert mit Yamaha in Japan. Von dort stammt der CV 50

Hercules City CV 80 E

Hubraum:	78 cm^3
Leistung:	5 kW (8,7 PS) bei 5750/min
max. Drehmoment:	12 Nm (1,2 mkp) bei 5100/min

Einzylinder/Zweitakt, Membran-gesteuert, Gebläsekühlung, Getrennt-schmierung über Ölpumpe aus separatem Öltank

Bohrung×Hub:	49×42 mm
Verdichtung:	7:1
Vergaser-Typ und Durchlaß:	Mikuni, 16 mm ∅
Zündung:	CDI kontaktlos
Lichtmaschine:	50 Watt Schwunglichtmagnet
Batterie:	6 V 11 Ah
Getriebe:	stufenlose Keilriemen- Variomatik
Hinterradantrieb:	Keilriemen
Rahmenbauart:	Einrohrrahmen mit Kunststoffkarosserie
Federweg vorn/hinten:	55 mm/53 mm
Radstand:	1200 mm
Bremsen vorn/hinten:	Trommel/Trommel
Reifen vorn/hinten:	3,50−10/3,50−10
Sitzhöhe:	760 mm
Leergewicht (vollgetankt):	92 kg
zul. Gesamtgewicht:	292 kg
Tankinhalt/Reserve:	4,7 Liter, Benzinstandanzeige
Kraftstoffverbrauch:	2,5 Liter/100 km
Höchstgeschwindigkeit:	69 km/h
Führerscheinklassen:	III, II, I und Ib
Preis (inkl. Nebenkosten):	2199 DM

Ein Auslaufmodell ist der Hercules City CV 80. Hohe Versicherungsprämien bescherten ihm nur geringen Erfolg

Vespa PK 50 S Automatik und PK 50 S Elestart

Hubraum:	48 cm³
Leistung:	2 kW (2,7 PS) bei 4800/min
max. Drehmoment:	3,6 Nm (0,4 mkp) bei 3500/min

Einzylinder/Zweitakt (PK 50 Elestart), Drehschieber, Membran-gesteuert, (Automatikversion) Gebläsekühlung, Mischungs-Schmierung aus dem Kraftstofftank 1:50 (Elestart), Getrenntschmierung über Öl-pumpe aus separatem Öltank bei Automatikversion

Bohrung × Hub:	38,4 × 43 mm
Verdichtung:	9:1
Vergaser-Typ und Durchlaß:	Dellorto, 16 mm ⌀
Zündung:	kontaktlos
Lichtmaschine:	30 Watt Schwunglichtmagnet
Batterie:	12 V 7 Ah
Getriebe:	Automatik oder 4-Gang-Handschaltung
Hinterradantrieb:	direkt über Zahnräder
Rahmenbauart:	selbsttragende Blechkarosserie
Federweg vorn/hinten:	keine Angabe
Radstand:	1175 mm
Bremsen vorn/hinten:	Trommel/Trommel, beide 165 mm ⌀
Reifen vorn/hinten:	3,00–10/3,00–10
Sitzhöhe:	800 mm
Leergewicht (vollgetankt):	88 kg bzw. 92 kg
zul. Gesamtgewicht:	270 kg
Tankinhalt/Reserve:	5,8 Liter
Kraftstoffverbrauch:	3,2/3,0 Liter/100 km
Höchstgeschwindigkeit:	40 km/h
Führerscheinklassen:	IV, III, II, I und Ib
Preis (inkl. Nebenkosten):	je nach Ausführung zwischen 2500 und 3200 DM

Bemerkungen: Identisches Chassis mit der PK-Reihe 80 und 125 cm³. Ein sparsamer Mokick-Roller mit großem Prestige und hohem Wieder-verkaufswert. Viel Zubehör im Angebot.

Vespa PX 80 E und PX 80 E Lusso mit E-Starter

Hubraum:	79 cm³
Leistung:	5 kW (6,8 PS) bei 6000/min
max. Drehmoment:	7,8 Nm (0,7 mkp) bei 4300/min

Einzylinder/Zweitakt, Drehschieber, Gebläsekühlung, Mischungs-Schmierung aus dem Kraftstofftank 1:50 oder Getrenntschmierung über Ölpumpe aus separatem Öltank beim Lusso

Dieser Vespa-Roller steht für die Typenreihe PK mit Hubräumen von 50 bis 125 cm³

Bohrung×Hub:	46×48 mm
Verdichtung:	9,5:1
Vergaser-Typ und Durchlaß:	Dellorto, 20 mm ∅
Zündung:	kontaktlos
Lichtmaschine:	80 Watt Schwunglichtmagnet
Batterie:	12 V 7 Ah
Getriebe:	4-Gang-Handschaltung
Hinterradantrieb:	direkt über Zahnräder
Rahmenbauart:	selbsttragende Blechkarosserie
Federweg vorn/hinten:	keine Angabe
Radstand:	1240 mm
Bremsen vorn/hinten:	Trommel/Trommel, beide 165 mm ∅
Reifen vorn/hinten:	3,50−10/3,50−10
Sitzhöhe:	790 mm
Leergewicht (vollgetankt):	104 kg bzw. 109 kg
zul. Gesamtgewicht:	290 kg
Tankinhalt/Reserve:	8 Liter, Benzinstandanzeige beim Lusso
Kraftstoffverbrauch:	4,1 Liter/100 km
Höchstgeschwindigkeit:	75 km/h
Führerscheinklassen:	III, II, I und Ib
Preis (inkl. Nebenkosten):	3265 DM bzw. 3610 DM

Bemerkungen: Ausgereifter Leichtkraftrad-Roller im klassischen PX-Design mit runder Motorverkleidung. Hohe Versicherungsprämie.

37

Vespa PK 80 S und PK 80 S mit E-Starter

Hubraum:	78 cm^3
Leistung:	4 kW (5,4 PS) bei 6000/min
max. Drehmoment:	6,4 Nm (0,6 mkp) bei 5500/min

Einzylinder/Zweitakt, Drehschieber, Gebläsekühlung, Mischungs-Schmierung aus dem Kraftstofftank 1:50

Bohrung×Hub:	44,5×41 mm
Verdichtung:	8,6:1
Vergaser-Typ und Durchlaß:	Dellorto, 19 mm ⌀
Zündung:	kontaktlos
Lichtmaschine:	80 Watt Schwunglichtmagnet
Batterie:	12 V 7 Ah
Getriebe:	4-Gang-Handschaltung
Hinterradantrieb:	direkt über Zahnräder
Rahmenbauart:	selbsttragende Blechkarosserie
Federweg vorn/hinten:	keine Angabe
Radstand:	1175 mm
Bremsen vorn/hinten:	Trommel/Trommel, beide 165 mm ⌀
Reifen vorn/hinten:	3,00−10/3,00−10
Sitzhöhe:	790 mm
Leergewicht (vollgetankt):	89 kg bzw. 95 kg
zul. Gesamtgewicht:	270 kg
Tankinhalt/Reserve:	5,8 Liter
Kraftstoffverbrauch:	3,5 Liter/100 km
Höchstgeschwindigkeit:	81 km/h
Führerscheinklassen:	III, II, I und Ib
Preis (inkl. Nebenkosten):	2945 DM bzw. 3140 DM

Bemerkungen: Neueres Styling als die PX-Reihe mit abgeflachten Motorverkleidungen. Guter Kauf, jedoch hohe Versicherungsprämie. In verschiedenen Farben und mit viel Zubehör lieferbar.

Vespa PK 125 S

Hubraum:	120 cm^3
Leistung:	5 kW (6,8 PS) bei 5500/min
max. Drehmoment:	9 Nm (0,9 mkp) bei 400/min

Einzylinder/Zweitakt, schlitzgesteuert, Drehschieber, Gebläsekühlung, Mischungs-Schmierung aus dem Kraftstofftank

Bohrung×Hub:	55×51 mm
Verdichtung:	9:1
Vergaser-Typ und Durchlaß:	Dellorto, 19 mm ⌀
Zündung:	kontaktlose Zündung
Lichtmaschine:	80 Watt Schwunglichtmagnet

Batterie:	12 V 7 Ah
Getriebe:	4-Gang-Handschaltung
Hinterradantrieb:	direkt über Zahnräder
Rahmenbauart:	selbsttragende Blechkarosserie
Radstand:	1175 mm
Bremsen vorn/hinten:	Trommel/Trommel, beide 165 mm ∅
Reifen vorn/hinten:	3,00−10/3,00−10
Sitzhöhe:	790 mm
Leergewicht (vollgetankt):	91 kg
zul. Gesamtgewicht:	270 kg
Tankinhalt/Reserve:	5,8/1,2 Liter
Kraftstoffverbrauch:	3,0 Liter/100 km
Höchstgeschwindigkeit:	85 km/h
Führerscheinklasse:	I
Preis (inkl. Nebenkosten):	3010 DM

Bemerkungen: Die jüngere Modellvariante bei den 125er-Vespen. Motor ist nicht ganz so spritzig wie von den Modellen PK 125 S und PK 125 E Lusso.

Vespa PK 125 S Automatik

Hubraum:	120 cm^3
Leistung:	6 kW (8,7 PS) bei 6200/min
max. Drehmoment:	9,7 Nm (0,9 mkp) bei 4500/min

Einzylinder/Zweitakt, Membran-gesteuert, Gebläsekühlung, Getrennt-schmierung über Ölpumpe aus separatem Öltank

Bohrung×Hub:	55×51 mm
Verdichtung:	10,5:1
Vergaser-Typ und Durchlaß:	Dellorto, 20 mm ∅
Zündung:	kontaktlos
Lichtmaschine:	80 Watt
Batterie:	12 V 7 Ah
Getriebe:	Automatik
Hinterradantrieb:	direkt über Zahnräder
Rahmenbauart:	selbsttragende Blechkarosserie
Federweg vorn/hinten:	−
Radstand:	1175 mm
Bremsen vorn/hinten:	Trommel/Trommel, beide 165 mm ∅
Reifen vorn/hinten:	3,00−10/3,00−10
Sitzhöhe:	790 mm
Leergewicht (vollgetankt):	93 kg
zul. Gesamtgewicht:	270 kg
Tankinhalt/Reserve:	5,8/1,2 Liter
Kraftstoffverbrauch:	4,6 Liter/100 km
Höchstgeschwindigkeit:	83 km/h

Führerscheinklasse: I
Preis (inkl. Nebenkosten):   3415 DM
Bemerkungen: Spritzige Alternative zur PX 125 E mit Automatik. Große
Bergsteigfähigkeit, auch mit zwei Personen. Größere Ausmaße als
PX 125 E.

Vespa PX 125 S Automatik

Hubraum: 121 cm^3
Leistung: 6 kW (8,7 PS) bei 6200/min
max. Drehmoment: 10 Nm (0,9 mkp) bei 4500/min
Einzylinder/Zweitakt, Membran-gesteuert, Getrenntschmierung über
Ölpumpe aus separatem Öltank mit 1,1 Liter
Bohrung×Hub: 55×51 mm
Verdichtung: 10,5:1
Vergaser-Typ und Durchlaß: Dellorto, 28 mm ∅
Zündung: kontaktlos
Lichtmaschine: 80 Watt Schwunglichtmagnet
Batterie: 12 V 9 Ah
Getriebe: hydraulisches Kegelscheibengetriebe
Hinterradantrieb: direkt über Zahnräder
Rahmenbauart: selbsttragende Blechkarosserie
Federweg vorn/hinten: keine Angabe
Radstand: 1240 mm
Bremsen vorn/hinten: Trommel/Trommel, beide 165 mm ∅
Reifen vorn/hinten: 3,00−10/3,00−10
Sitzhöhe: 790 mm
Leergewicht (vollgetankt):   93 kg
zul. Gesamtgewicht: 270 kg
Tankinhalt/Reserve: 5,8/1,2 Liter
Kraftstoffverbrauch: 4,6 Liter/100 km
Höchstgeschwindigkeit: 83 km/h
Führerscheinklasse: I
Preis (inkl. Nebenkosten):   3345 DM
Bemerkungen: Spritziger Roller mit einer guten Automatik aber hohem
Verbrauch. In verschiedenen Farben lieferbar. Viel Zubehör.

Vespa PX 125 E Lusso

Hubraum: 122 cm^3
Leistung: 6 kW (8 PS) bei 6000/min
max. Drehmoment: 11 Nm (1,1 mkp) bei 6000/min
Einzylinder/Zweitakt, Gebläsekühlung, Getrenntschmierung über
Ölpumpe aus separatem Öltank

Ein Vertreter der klassischen PX-Reihe von Piaggio. Es gibt sie in Ausführungen von 80 bis 200 cm³

Bohrung×Hub:	52,5×57 mm
Verdichtung:	8,5:1
Vergaser-Typ und Durchlaß:	Dellorto, 20 mm ⌀
Zündung:	kontaktlose Zündung
Lichtmaschine:	80 Watt Schwunglichtmagnet
Batterie:	12 V 7 Ah
Getriebe:	4-Gang-Handschaltung
Hinterradantrieb:	direkt über Zahnräder
Rahmenbauart:	selbsttragende Blechkarosserie
Federweg vorn/hinten:	–
Radstand:	1240 mm
Bremsen vorn/hinten:	Trommel/Trommel, beide 165 mm ⌀
Reifen vorn/hinten:	3,50 – 10/3,50 – 10
Sitzhöhe:	790 mm
Leergewicht (vollgetankt):	105 kg
zul. Gesamtgewicht:	290 kg
Tankinhalt/Reserve:	8/2,1 Liter, Kraftstoffanzeige
Kraftstoffverbrauch:	3,4 Liter/100 km
Höchstgeschwindigkeit:	89 km/h
Führerscheinklasse:	I
Preis (inkl. Nebenkosten):	3450 DM

Bemerkungen: Meistgekaufter Roller in Italien. Robuster Drehschiebermotor und reichhaltige Ausstattung.

41

Vespa PX 150 E Lusso

Hubraum:	149 cm^3
Leistung:	7 kW (9,5 PS) bei 6000/min
max. Drehmoment:	12 Nm (1,1 mkp) bei 4100/min
Einzylinder/Zweitakt, Drehschieber, Gebläsekühlung	
Bohrung×Hub:	57,8×57 mm
Verdichtung:	8,2:1
Vergaser-Typ und Durchlaß:	Dellorto, 20 mm ∅
Zündung:	kontaktlose Zündung
Lichtmaschine:	80 Watt Schwunglichtmagnet
Batterie:	12 V 7 Ah
Getriebe:	4-Gang-Handschaltung
Hinterradantrieb:	direkt über Zahnräder
Rahmenbauart:	selbsttragende Blechkarosserie
Federweg vorn/hinten:	−
Radstand:	1240 mm
Bremsen vorn/hinten:	Trommel/Trommel, beide 165 mm ∅
Reifen vorn/hinten:	3,50−10/3,50−10
Sitzhöhe:	790 mm
Leergewicht (vollgetankt):	105 kg
zul. Gesamtgewicht:	290 kg
Tankinhalt/Reserve:	8/2,1 Liter
Kraftstoffverbrauch:	3,5 Liter/100 km
Höchstgeschwindigkeit:	90 km/h
Führerscheinklasse:	I
Preis (inkl. Nebenkosten):	3495 DM

Bemerkungen: Sprintfreudiger Roller mit kräftigem Zweitaktmotor und gutem Drehmoment.

Vespa PX 200 E Lusso und Elestart

Hubraum:	197 cm^3
Leistung:	7 kW (9,5 PS) bei 5000/min
max. Drehmoment:	17 Nm (1,6 mkp) bei 3800/min
Einzylinder/Zweitakt, Drehschieber, Gebläsekühlung, Mischungs-Schmierung aus dem Kraftstofftank 1:50	
Bohrung×Hub:	66,5×57 mm
Verdichtung:	8,8:1
Vergaser-Typ und Durchlaß:	Dellorto 24 mm ∅
Zündung:	kontaktlos
Lichtmaschine:	80 Watt Schwunglichtmagnet
Batterie:	12 V 7 Ah

Das Top-Modell von Vespa heißt PX 200 Lusso, von dem es auch eine Variante mit 14 PS gibt

Getriebe:	4-Gang-Handschaltung
Hinterradantrieb:	direkt über Zahnräder
Rahmenbauart:	selbsttragende Blechkarosserie
Federweg vorn/hinten:	—
Radstand:	1240 mm
Bremsen vorn/hinten:	Trommel/Trommel
Reifen vorn/hinten:	3,50−10/3,50−10
Sitzhöhe:	800 mm
Leergewicht (vollgetankt):	109 kg
zul. Gesamtgewicht:	290 kg
Tankinhalt/Reserve:	8/2,1 Liter
Kraftstoffverbrauch:	4,5 Liter/100 km
Höchstgeschwindigkeit:	100 km/h
Führerscheinklasse:	I
Preis (inkl. Nebenkosten):	3950 (mit E-Starter 4295) DM

Bemerkungen: Klassiker unter den Rollern. In drei Farben lieferbar: Flieder, gelb und pink.

Yamaha CA 50 M Salient

Der Salient von Yamaha ist ein Mokick-Roller und nur für eine Person zugelassen

Hubraum:	49 cm^3
Leistung:	2,1 kW (2,9 PS) bei 5500/min
max. Drehmoment:	3,7 Nm (0,4 mkp) bei 5500/min

Einzylinder/Zweitakt, Membran-gesteuert, Gebläsekühlung, Getrennt-schmierung über Ölpumpe aus separatem Öltank

Bohrung×Hub:	40×39,2 mm
Verdichtung:	6:1
Vergaser-Typ und Durchlaß:	Teikei, 12 mm ⌀
Zündung:	CDI kontaktlos
Lichtmaschine:	40 Watt Schwunglichtmagnet
Batterie:	6 V 8 Ah
Getriebe:	stufenlose Keilriemenautomatik
Hinterradantrieb:	Keilriemen
Rahmenbauart:	Rohrrahmen mit Profilblechen
Federweg vorn/hinten:	62 mm/62 mm
Radstand:	1130 mm
Bremsen vorn/hinten:	Trommel/Trommel
Reifen vorn/hinten:	3,00−10/3,00−10
Sitzhöhe:	705 mm
Leergewicht (vollgetankt):	63 kg
zul. Gesamtgewicht:	163 kg
Tankinhalt/Reserve:	3,8 Liter
Kraftstoffverbrauch:	2,6 Liter/100 km

Höchstgeschwindigkeit: 40 km/h
Führerscheinklassen: IV, III, II und Ib
Preis (inkl. Nebenkosten): 1648 DM
Bemerkungen: Sparsamer Mokick-Roller, nur für den Einmannbetrieb zugelassen, geringe Unterhaltskosten und niedriger Anschaffungspreis.

Yamaha Beluga BL 125

Hubraum: 123 cm^3
Leistung: 6 kW (8 PS) bei 6500/min
max. Drehmoment: 19 Nm (2,0 mkp) bei 6000/min
Einzylinder/Zweitakt, Membran-gesteuert, Gebläsekühlung, Getrennt-
schmierung über Ölpumpe aus separatem Öltank
Bohrung×Hub: 56×50 mm
Verdichtung: 7:1
Vergaser-Typ und Durchlaß: Mikuni, 22 mm ∅
Zündung: CDI kontaktlos
Lichtmaschine: 155 Watt Schwunglichtmagnet
Batterie: 12 V 7 Ah
Getriebe: stufenlose Keilriemenautomatik
Hinterradantrieb: Keilriemen
Rahmenbauart: Einrohrrahmen
Federweg vorn/hinten: 85 mm/75 mm
Radstand: 1250 mm
Bremsen vorn/hinten: Trommel/Trommel

Der Beluga BL 125 glänzt durch eine gute Verarbeitung und durch ansprechende Fahrleistungen

Reifen vorn/hinten:	3,50−10/3,50−10
Sitzhöhe:	770 mm
Leergewicht (vollgetankt):	103 kg
zul. Gesamtgewicht:	305 kg
Tankinhalt/Reserve:	7,0 Liter, mit Benzinstandanzeige
Kraftstoffverbrauch:	4,1 Liter/100km
Höchstgeschwindigkeit:	96 km/h
Führerscheinklasse:	I
Preis (inkl. Nebenkosten):	3848 DM

Bemerkungen: Solide verarbeiteter Roller mit sehr spritzigem Motor, auch gut für den Zweipersonenbetrieb geeignet, Kunststoff-Karosserie.

Yamaha Cygnus XC 180

Hubraum:	171 cm^3
Leistung:	10 kW (14 PS) bei 7500/min
max. Drehmoment:	13 Nm (1,3 mkp) bei 6500/min

Einzylinder/Viertakt, Gebläsekühlung, Naßsumpf-Schmierung

Bohrung×Hub:	63×55 mm
Verdichtung:	10:1
Vergaser-Typ und Durchlaß:	Mikuni, 28 mm ⌀
Zündung:	Transistor

Etwas eigenwillig geriet der Cygnus 180 mit 14 PS Viertaktmotor

Lichtmaschine:	210 Watt
Batterie:	12 V 10 Ah
Getriebe:	stufenlose Keilriemenautomatik
Hinterradantrieb:	Keilriemen
Rahmenbauart:	Preßstahlrahmen
Federweg vorn/hinten:	80 mm/70 mm
Radstand:	1290 mm
Bremsen vorn/hinten:	Trommel/Trommel
Reifen vorn/hinten:	3,50−10/4,00−10
Sitzhöhe:	780 mm
Leergewicht (vollgetankt):	125 kg
zul. Gesamtgewicht:	315 kg
Tankinhalt/Reserve:	6,5 Liter
Kraftstoffverbrauch:	3,5 Liter/100 km
Höchstgeschwindigkeit:	97 km/h
Führerscheinklasse:	l
Preis (inkl. Nebenkosten):	4368 DM

Bemerkungen: Sparsamer und komfortabler Reiseroller mit Viertaktmotor und Kunststoffkarosserie.

3 Praxis des Rollerfahrens

Eine Kunst ist es sicher nicht, einen Roller zu fahren. Was dazugehört, ist ein bißchen Geschick und die Beachtung einiger Grundregeln.

Das Rollerfahren als Hexenwerk hinzustellen wäre genau das Gegenteil von dem, was es eigentlich ist: Es ist innerhalb kürzester Zeit erlernbar, wie Auto- und Motorradfahren auch. Die einen lernen es schon in der Fahrschule, andere erst, wenn sie auf dem Fahrzeug mit den kleinen Rädern sitzen, da sie nur den Autoführerschein besitzen und keine gesonderte Zweiradprüfung abgelegt haben.

Leute, die zuvor schon mit dem Motorrad Bekanntschaft gemacht haben, kennen die notwendigen Handgriffe im Schlaf: Antreten, Kupplung ziehen, den ersten Gang einlegen, und unter gleichzeitigem Gasgeben die Kupplung langsam greifen lassen. Soweit die Handgriffe. Was danach kommt, ist ein Zusammenspiel aus Balance und den eben beschriebenen Handgriffen, zu denen noch das Bremsen kommt. Und genau da sind wir beim Thema.

Rollerfahren ist Dynamik Der eigentliche Genuß am Rollerfahren kommt erst dann, wenn die mechanischen Handgriffe sitzen. Einen allgemein gültigen Maßstab für die Fertigkeit eines Fahrers gibt es nicht. Selbstvertrauen und Erfahrung spielen dabei genauso eine Rolle wie die Reaktionsschnelligkeit oder die instinktmäßige Erfassung einer Gefahrensituation.

Die Sicherheit beim Rollerfahren beginnt jedoch erst dort, wo beide Anforderungen unter einen Hut gebracht werden. Man spricht in diesem Fall von aktiver und passiver Sicherheit. Die aktive Sicherheit ist die Fertigkeit des Fahrens und die damit verbundene mehr oder minder ausgeprägte Risikobereitschaft. Die passive Sicherheit sind die Reserven beim Fahren und die entsprechende Schutzkleidung.

Wer unbedingt seine sportlichen Ambitionen beim Rollerfahren

48

unter Beweis stellen will, ist hier sicherlich schlecht beraten. Der Roller ist ein defensives Fortbewegungsmittel und keine Rennmaschine. Und überhaupt, Aggression hat im Straßenverkehr nicht das Geringste zu suchen − weder auf dem Motorrad, noch im Auto, noch auf einem Roller.

Dieser Fahrer mit seiner PX 200 E hat den richtigen Fahrstil und die richtige Bekleidung

Wie für alle Zweiradfahrer gilt für den Rollerfahrer ganz besonders: Der Stärkere setzt sich im Zweifelsfall durch. Und die Stärkeren sind in diesem Fall nun mal die Kollegen der vierrädrigen Zunft im Straßenverkehr. Daher kann die Regel Nummer eins nur heißen − lieber Vorsicht statt Nachsicht.

Als erste Voraussetzung ist an dieser Stelle die richtige Kleidung zu nennen. Zwischenzeitlich hat der Gesetzgeber die Helmtragepflicht für alle motorisierten Zweiradfahrer verordnet.

Richtige Kleidung

Es muß nicht unbedingt ein Super-Integralhelm für 200 DM sein, doch er bietet nun mal den besten Schutz für das edelste Körperteil des Fahrers. Ein sogenannter Jet-Helm mit offenem Gesichtsfeld tut es zwar auch, doch das Risiko, sich schmerzhafte oder lebensgefährliche Gesichtsverletzungen bei einem Unfall zuzuziehen, ist eben auch größer.

49

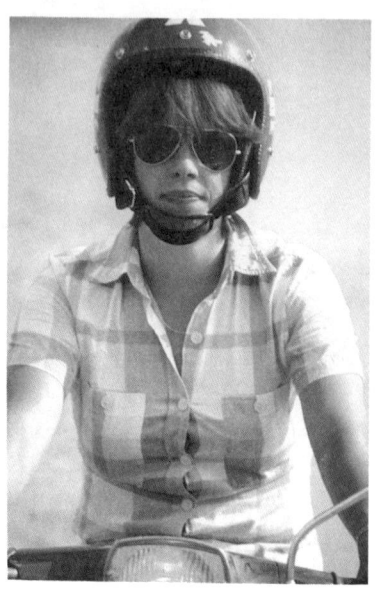

Klassisch, aber nicht mehr zeitgemäß:
Halbschalenhelm

Auch dieser Helm paßt nicht mehr ganz in unse-
re Zeit. Der Jet-Helm bietet keinen Gesichts-
schutz. Zudem ist der Kinnriemen gefährlich,
der Helm kann nämlich beim Aufprall abrutschen

Wer sich partout auf diese Sorte Helm festgelegt hat, sollte zum Schutz der Augen vor Regen, Mücken und Straßenschmutz unbedingt eine Fahrbrille tragen. Diese gibt es in allen Preislagen und Ausführungen im Motorrad-Zubehörhandel. Eine einfache Sonnenbrille kann unter Umständen dieselbe Funktion erfüllen, doch für Sicherheitsbewußte kann sie keine Alternative sein. Zu leicht kann das Glas bei einem Sturz splittern und zu schweren Augenverletzungen führen. Selbst Sonnenbrillen mit leichten Kunststoffgläsern sind kein Ersatz für die echte Fahrbrille.

Halbschalenhelme sind heute nur noch vereinzelt im Gebrauch. Was schon für den Jet-Helm in bezug auf den Augenschutz gilt, trifft natürlich auch hier zu. Dennoch ist vom Neukauf eines Halbschalenhelms dringend abzuraten, da er für rund zwei Drittel des Kopfes keinerlei Schutz bieten kann. In diesem Fall sollte Sicherheit über dem Hang zur Nostalgie stehen.

So bleibt eigentlich nur die Empfehlung eines Vollvisierhelms. Es gibt sie inzwischen in allen Preislagen (60 – 400 DM), Farben und Größen beim einschlägigen Fachhandel. Daß ein teurer Helm nicht unbedingt der beste sein muß, haben Tests inzwischen bewiesen. Worauf es ankommt, ist der Tragekomfort und das inzwischen obligatorische ECE-Norm-Abzeichen in der Helmschale. Es ist ein in der Innenpolsterung eingenähter wei-

So wird in Italien
gefahren — ohne
Helm und meist
ohne ausreichen-
de Kleidung

ßer Aufnäher mit einem großen E und einer Sechs daneben oder
mit den Kennziffern 22/02.

Dieses Quailtäts-Siegel bürgt für die ordentliche Prüfung durch
eine der Technischen Prüfstellen in der Bundesrepublik. Selbst
diese modernen Helme gibt es schon ab 70 Mark aufwärts — und
das sollte einem die eigene Sicherheit allemal wert sein. Jet-Hel-
me sind übrigens auch kaum billiger und müssen natürlich ebenfalls ECE-geprüft sein. Hinzu kommt, daß die Anschaffung einer
Motorradbrille (rund 60 DM) beim Kauf eines Intregralhelms entfällt. Folgekosten entstehen erst dann, wenn das Originalvisier
nach einiger Zeit verkratzt ist und durch ein neues (zum Stück-
preis von rund 12 DM) ersetzt werden muß.

Auch für einen Rollerfahrer ist es heute unabdingbar, beim Fahren Handschuhe zu tragen, denn erfahrungsgemäß werden gerade die Hände des Fahrers und Beifahrers bei einem Sturz besonders stark in Mitleidenschaft gezogen. Es müssen nicht unbedingt spezielle Handschuhe für Motorradfahrer sein, im Zweifelsfall tun es auch ein Paar reißfeste Skihandschuhe.

Besser sind jedoch allemal spezielle Fahrhandschuhe mit lan-
gen Stulpen, die gleichzeitig das Handgelenk und ein Drittel des
Unterarms schützen. Kostenpunkt eines solchen Motorrad-
Handschuhs — rund 60 DM.

Soweit die unbedingt erforderliche Grundausstattung zum Rollerfahren. Mit dem verbleibenden Rest der Kleidung gibt es dafür um so mehr Probleme und Kontroversen. Am sichersten ist zweifelsohne eine Lederkombination mit den dazugehörigen Stiefeln. Doch genau hier fängt das Dilemma an – entweder ist das Geld für solch eine teure Anschaffung nicht da (rund 1 000 DM), oder der Rollerfahrer hat Angst, sich mit einer solchen Montur lächerlich zu machen. Eigentlich kann aber keine andere Kleidung als Leder empfohlen werden. Ratsam ist es, sich eine hüftlang geschnittene Lederjacke anzuschaffen, zumal sie auch als Freizeituntensil gute Dienste leisten kann.

Die Preise liegen je nach Machart und Qualität zwischen 280 und 500 DM. Beim Kauf ist auch darauf zu achten, daß die Ärmel einen Reißverschluß haben. Jacken mit Strickbündchen sind kaum zu empfehlen, da die Ärmel bei einem Sturz hochrutschen und den Arm nicht, oder nur sehr unzureichend schützen können.

Jacken aus anderen Materialien als Leder sind nur bedingt sicher. Die meisten Anoraks erfüllen auch nicht annähernd die Forderung nach Reißfestigkeit, wie sie zum Beispiel Leinen hat. Gerade in dieser Richtung unternimmt der Zubehörmarkt ständig neue Anstrengungen, um dem geforderten Standard (Reißfestigkeit, Abriebfestigkeit, etc.) Rechnung zu tragen. Doch die fachmännische Beratung gibt es eben nicht im Kaufhaus, sondern nur beim einschlägigen Handel.

Noch diffiziler wird das Thema Bekleidung bei den Hosen. Auch hier gilt, was eingangs schon erwähnt wurde; Leder ist durch nichts zu ersetzen. Und obwohl der Roller im Gegensatz zum Motorrad bedeutend mehr Schutz für die Beine bieten kann, ist noch lange nicht gesagt, daß die Beinkleider eine untergeordnete Rolle spielen. Wenn der Roller samt Fahrer über die Straße schliddert, kommt die Einsicht meist zu spät. Schließlich herrschen für den Fahrer eines Rollers die gleichen Bedingungen wie für einen Motorradfahrer.

Zugegeben, die Praxis sieht anders aus. Die meisten Besitzer von Motorrollern setzen sich mit der Alltagskleidung hinter den Lenker und fahren los, ohne groß über die damit verbundenen Gefahren nachzudenken. Gewarnt werden muß vor Röcken bei Frauen, oder vor brüchigen Hosen aus Stoff, die schon beim leichtesten Bodenkontakt zerreißen.

Sandalen oder gar Clogs zu tragen ist ebenso fahrlässig wie mit halbnackten »Beinen« zu fahren. Doch beim Thema Schuhe

geht es neben dem Schutz auch um die sichere Bedienung des Pedals der Hinterradbremse, oder bei einigen älteren Rollern auch der Schaltung. Und da sollte man sich eben auf kein Risiko einlassen. Bei den Automatikrollern gibt es zwar kein Pedal auf dem Trittbrett, doch feste Schuhe sind ein unverzichtbares Muß. Schaftstiefel bieten zwar das Maximum an Sicherheit, doch hochgeschnürte Turnschuhe oder Stiefeletten erfüllen ihren Zweck auch ausreichend.

Diese Fahrtechnik mit Herunterdrücken des Motorrollers in der Kurve ist nicht nachahmenswert

Was dem Fahrer recht ist, sollte dem Beifahrer erst recht und billig sein. Schließlich sind gerade die Beifahrer laut Statistik gefährdeter als die Fahrer selbst.

Der spielerische Umgang mit einem Motorroller verleitet gelegentlich sogar abgebrühte Fahrer zur Selbstüberschätzung. Daher ist es wichtig, den Roller richtig einzuschätzen. Bedingt durch die kleinen Räder (meist 10 Zoll) und den tief eingebauten Motor vor dem Hinterrad, haben Roller einen tiefliegenden Schwerpunkt.

Fahrtechnik mit dem Roller

Beim Rangieren aus der Garage oder auf dem Parkplatz erweist sich das als durchaus vorteilhaft. Genau aus diesem Grund lassen sich die Vespen (und wie sie alle heißen) vergleichsweise leicht rangieren. Hinzu kommt natürlich auch das geringe Gewicht, das 100 kg nur unwesentlich überschreitet und ihn beim Schieben so handlich macht.

Im Gegensatz zum Fahrrad oder Motorrad wird der Roller nicht bestiegen, vielmehr »setzt man sich hinein«, was durch seine Formgebung mit dem typischen Durchstieg noch erleichtert wird. Roller, die nur einen Kickstarter haben, sollten vor allem von ungeübten Fahrern zum Starten auf den Hauptständer aufgebockt werden, da sonst die Gefahr besteht, daß Mann und Maschine umkippen. Und das ist unter Umständen nicht nur peinlich wegen der lachenden Dritten, sondern vor allem wegen möglicher Beschädigungen am Roller. Bei den Vespa-Rollern ist es ratsam (nach mehr als einer halben Stunde Standzeit zwischen zwei Fahrten) den Choke zu Hilfe zu nehmen, da so der Startvorgang meist auf Anhieb klappt. Kraft ist für das Starten mit dem Kickstarter nur sehr wenig erforderlich. Es kommt vielmehr auf die richtige Technik an. Je beherzter und schneller der »Kick« erfolgt, desto größer ist die Chance des gewünschten Erfolgs. Dabei sollte natürlich die rechte Hand das Gas gefühlvoll zu knapp einem Drittel aufgezogen haben.

Besitzer von Automatik-Rollern, oder solche, die es noch werden wollen, haben es mit den meist serienmäßigen Elektro-Startern etwas einfacher: Zündschloß an, Handbremshebel ziehen und aufs Knöpfchen drücken − einfacher geht es auch bei einem Automobil nicht. Was danach kommt, ist ebenso leicht erklärt wie nachvollzogen.

Beim Automatikroller genügt schon ein gleichmäßiges Drehen des Gasdrehgriffs... und schon geht's los. Da ist das Anfahren mit einem Schaltgetriebe schon umständlicher, wenn auch nicht viel schwieriger: Kupplungs-Handgriff bis zum Anschlag anziehen, den linken Drehgriff auf den ersten Gang stellen und dabei unter gefühlvollem Gasgeben die Kupplung mit Gefühl sanft greifen lassen.

Da Motorroller nicht über einen Drehzahlmesser verfügen, entscheidet in erster Linie das Gehör des Fahrers über den fälligen Gangwechsel in die nächst höhere, oder beim Herunterschalten in die nächst niedrige Gangstufe.

Anfänger tun sich am leichtesten, wenn sie sich mit einem kurzen Blick auf den Tachometer vergewissern, daß die höchstzulässige Geschwindigkeit im jeweiligen Gang erreicht ist. Die einzelnen Werte dafür stehen jeweils in der Bedienungsanleitung,

die zu jedem Roller mitgeliefert wird. Zudem mahnt das anschwellende Motorgeräusch und deutliches Nachlassen des Beschleunigungsvermögens an den Schaltvorgang.

Im Fahrbetrieb kann natürlich schneller aus- und eingekuppelt werden als beim Start. Mit einer Ausnahme – beim Herunter- oder Zurückschalten an Gefällstrecken ist es ratsam, die Kupplung etwas langsamer greifen zu lassen, um den Motor zu schonen und um zu verhindern, daß das Hinterrad kurzzeitig blokkiert.

Im Grunde genommen ist auch das Motorroller-Fahren nichts anderes als das, was jeder aus seiner Kindheit kennt – das Rollern ohne Motor. Mit einem Unterschied natürlich; beim Motorroller sitzt man erhaben auf einer Sitzbank, der Tretroller wird stehend gefahren. Und jeder weiß, je schneller das Gefährt wird, desto mehr stabilisiert es sich aufgrund der Kreiselstabilisierungskräfte der Räder. Dem Körper, respektive der Gewichtsverlagerung, kommt dabei eine entscheidende Rolle zu.

Was der Anfänger auf den ersten Metern beim Anfahren als Tanz auf dem Vulkan empfindet (gemeint sind die leichten

Sehr gewöhnungsbedürftig sind Mockick-Roller mit kleinen Rädern. Vorsicht ist beim Überfahren von Straßenbahnschienen geboten

Auf die Balance kommt es an

55

Schlangenlinien), weicht sehr schnell der Routine. Je unver-
krampfter der Lenker beim Losfahren gehalten wird, desto eher
gelingt der makellose Start. Wenn der Roller die 20-km/h-Marke
überschreitet, stellt sich oben erwähnte Stabilisierung ein.

Für den einen oder anderen Anfänger ein kleiner Tip: Üben Sie
das Anfahren auf einem leeren Parkplatz oder einem wenig be-
fahrenen grünen Planweg. Kurz nach dem Start stellen Sie sich
auf das Trittbrett, um so noch schneller das Gefühl für den
Schwerpunkt und die richtige Balance zu bekommen.

Dadurch bekommen Sie auch sehr schnell ein Gespür dafür, wie
Ihr Fahrzeug auf die geringste Gewichtsverlagerung reagiert und
mit zunehmender Schräglage eine Kurve einleitet. Wer den Bo-
gen raus hat, sollte die gleiche Übung einmal im Schritt-Tempo
versuchen und dabei eine großzügige Acht wie in der Fahrschule
versuchen.

Richtig bremsen mit dem Roller Das richtige Abbremsen eines Zweirades ist beileibe keine He-
xerei – im Gegenteil, es ist mit ein wenig Übung leicht erlernbar.
Und es ist auch nicht wahr, daß Zweiräder (resp. Roller) schlechter bremsen als ein Auto. Gerade weil es sich der Zweiradfahrer
nicht leisten kann, mit blockierenden Rädern über den Asphalt
zu rutschen, werden mit dieser Fahrzeuggattung heutzutage
Bremsverzögerungen erreicht, die in Extremfällen sogar an die
Erdbeschleunigung ($9{,}81\ m/s^2$) heranreichen.

Anfänger, aber auch Fortgeschrittene, sollten daher Notbremsungen in regelmäßigen Abständen üben. Sie fangen damit an,
den ersten Gang (oder bis etwa 25 km/h bei Rollern mit Automatikgetriebe) auszubeschleunigen, um das erste Bremsmanöver
zu machen.

Verlassen Sie sich dabei nicht allein auf die Hinterradbremse,
denn die vordere übernimmt auch beim Roller rund 70 Prozent
der Verzögerungsarbeit. Es ist nur wichtig, sich langsam an das
Leistungsvermögen der Bremsen heranzuarbeiten und gleichzeitig den Punkt herauszufinden, an dem sich die Reifen ihrer
Haftgrenze nähern und zu blockieren anfangen. Bei der Hinterradbremse ist dieser Punkt leichter bzw. gefahrloser herauszufinden, da ein blockierendes Hinterrad leichter unter Kontrolle zu
bringen ist. Konzentrieren Sie sich daher zuerst nur aufs Hinterrad und lassen Sie die vordere Bremse ganz weg. Danach geht
es andersrum, um die Vorderradbremse in den Griff zu bekommen.

Zwischendurch sollte das Tempo in 20-km/h-Stufen gesteigert
werden. Lassen Sie sich durch das Eintauchen der Vorderpartie

des Rollers nicht irritieren, das ist normal, da das Fahrzeug beim Eintauchen der dynamischen Radlastverlagerung unterliegt. Das heißt, daß durch die starken Hebelkräfte der Vorderradbremse das Hinterrad zwangsläufig entlastet wird, was sich in erhöhtem Anpressdruck des vorderen Rades positiv auswirkt. Genau aus diesem Grund werden durch die bessere Haftung des Reifens auf der Straße gerade mit der Vorderradbremse hohe Verzögerungswerte erzielt.

Doch die beste Bremsung erfolgt natürlich mit beiden Bremsen gemeinsam. Achten Sie jedoch darauf, daß der Druck auf das Pedal für die hintere Bremse (oder der Zug am Handhebel bei Automatikrollern) jetzt etwas schwächer erfolgen muß, da das Hinterrad durch den gleichzeitigen Einsatz der Vorderradbremse wie schon erläutert, entlastet wird. Optimale Bremsung ist dann

Packesel: Auch das richtige Be- packen und die Gewichtsvertei- lung spielen für die Fahrsicher- heit eine ent- scheidende Rolle

erreicht, wenn beide Räder ein hörbares Pfeifen von sich geben. Dabei darf es durchaus passieren, daß das Hinterrad auf den letzten Metern blockierend einen schwarzen Strich auf die Stra- ße zeichnet.

Zum besseren Kennenlernen und Einschätzen von Bremswegen sollten Sie nach einigen Bremsübungen das gezielte Bremsen üben. Dazu wird die Straße an einer Stelle mit einem Gegen- stand, zum Beispiel einem Eimer, markiert. Dann fahren sie zu- erst sehr langsam auf das Hindernis zu und versuchen dabei möglichst nahe am Objekt zum Stehen zu kommen.

Abstände die aus 25 km/h heraus näher als einen Meter betra- gen, sind gut, zwei Meter gerade noch gut, drei oder mehr Meter schon nicht mehr ausreichend. Wer diese Übung mehrmals per- fekt beherrscht, sollte dann die Geschwindigkeit steigern und sich so langsam an die Zielbremsung mit Höchstgeschwindigkeit herantasten. Bei vollem Tempo ist natürlich eine Toleranz von Plus/Minus drei Metern zum Stop-Objekt schon ein beachtliches Ergebnis. Auf diese Weise bekommt man zwangsläufig eine in- tensivere Beziehung zu Entfernungen und zur Geschwindigkeit.

Die Bremsen sollten bei den einzelnen Versuchen nicht über- strapaziert werden. Bei zu hoher Beanspruchung heizen sich nämlich die Trommelbremsen zu stark auf, so daß der Hand-

58

hebel immer näher an den Griff rückt, was von der Ausdehnung des Grauguß-Bremsrings in der Nabe herrührt. Zudem ist der Druckpunkt der Bremsen nicht mehr so konstant wie bei kühler Trommel.

Dieser Roller ist schlicht überladen und daher verkehrsuntauglich. Das Vorderrad ist zu sehr entlastet

Justieren Sie sich die Bremsen von Anfang an so, daß Sie ein sicheres Gefühl beim Dosieren haben. Bei den Modellen von Vespa sind die Handhebel für Fahrer (besonders für Frauen) mit kürzeren Fingern nicht ideal, weil die Bremse schon nach weniger als einem Drittel des Weges voll arbeitet. Im Zweifelsfall kann man sich immer noch vom Händler bei der Einstellung des Bowdenzugs und bei der Einstellung der Hinterradbremse helfen und beraten lassen.

Zum guten Schluß noch ein paar Tips, wie man Gefahren- und Notfallsituationen weitgehend vermeiden kann.

Gefahren erkennen und vermeiden

Der Gefahrenpunkt Nummer eins in unseren Breiten ist der Regen. Nach einigen Tagen der Trockenheit passieren bekanntlich dann beim ersten Regenguß die meisten Unfälle. Was in diesem Fall auch für die Autofahrer gilt. Doch dem Regen ist der Schrecken schnell genommen, wenn man einige Grundregeln des Zweiradfahrens beachtet: Die Fahrbahn ist nach den ersten Regentropfen durch die Mischung von Staub, geringen Ölrückständen und Gummiabrieb besonders rutschig.

Passen Sie daher Geschwindigkeit und Sicherheitsabstand zum Vordermann besonders genau und lieber etwas großzügiger an. Bremsen Sie auf den ersten Metern gefühlvoll, aber nicht zu zaghaft. Vermeiden Sie größere Schräglagen, die zum Wegschmieren der Räder führen können.

Schon nach zehn Minuten Dauerregen entspannt sich die Situation, da die Fahrbahn nun, da der Staub abgewaschen wurde, griffiger geworden ist und somit bessere Bremsverzögerungen und Schräglagen erlaubt.

Feind Nummer zwei aller Zweiradfahrer ist Kopfsteinpflaster. Dieser Fahrbahnbelag findet sich heutzutage nur noch in Innenbezirken von alten Städten. Dort gilt schon bei Trockenheit die Forderung nach erhöhter Aufmerksamkeit − bei einsetzendem Regen erst recht.

Besonders heimtückisch wird es, wenn zwischendurch sogar Straßenbahnschienen schräg überquert werden müssen. Metall, dazu gehören natürlich auch Kanal- oder Schachtdeckel, wird in Verbindung mit Wasser zum hinterlistigsten aller Fahrbahnbeläge. Parallel zur Fahrtrichtung verlaufende Schienen sollten daher, wenn es sich nicht vermeiden läßt, in möglichst stumpfem Winkel (über 30 Grad) überfahren werden. Wer das nicht beachtet, riskiert gerade mit dem Roller und seinen kleinen Rädern einen Sturz.

Das Gleiche gilt übrigens auch für Zebrastreifen und manche Fahrbahnmarkierungen. Bremsmanöver oder größere Schräglagen (mehr als 25 Grad) sind hier nicht angebracht. Daher sollte der geschulte Blick des Rollerfahrers stets die Fahrbahn und den vorausfahrenden Verkehr eintaxieren, dann kann Rollerfahren zum großen Spaß werden.

4 Sport

4.1. MOTORROLLER-RENNEN IN ENGLAND: ROLLKOMMANDO

Sie bringen ganze 60 kg auf die Waage, sind rund 30 PS stark und gut 180 km/h schnell: Auf Motorrollern werden in England heiße Rennen ausgefahren.

Noch herrscht Ruhe und Ordnung im Fahrerlager. Bevor der Rennleiter nicht Fahrer oder Mechaniker auffordert, die Motoren zu starten, wird kein Meter gefahren. Das Reglement ist streng.

»Gentleman, start your engines, please«, bittet Rennleiter Mick Jones, um nun endlich die heißen Geräte auf Touren zu bringen. Sekunden später rasen gut zwei Dutzend leder- und helmbewehrte Gestalten auf ihren Zweirädern durchs Fahrerlager. Hochtourig kreischen Zweitaktmotoren, es riecht nach verbranntem Rizinusöl. 20 Motorroller stellen sich hinter der Startlinie der Rennstrecke auf. 18 Runden, jede davon 1,6 km lang, liegen vor ihnen.

Wer jetzt meint, Motorroller passen ebensowenig auf eine Rennstrecke wie Maultiere auf eine Galopprennbahn, wird spätestens nach dem Start eines Besseren belehrt. Denn was hier um den kleinen Asphalt-Kurs von Lydden Hill, nahe der englischen Bischofsstadt Canterbury, herumdriftet, sind reinrassige Renner.

Fast ausschließlich wird die Rennszene von der ehemaligen italienischen Marke Lambretta beherrscht. Gestartet wird in vier Hubraumklassen innerhalb der Standard-Klasse, zwei Hubraumklassen stehen den »Specials« zur Verfügung, eine eigene Klasse bilden Gespanne.

In der Standard-Klasse darf die Optik des Motorrollers nicht verändert werden, bei den Specials und den Gespannen müssen nur noch Rahmen und Gabel identisch mit der Serie sein.

Keine Grenzen sind dem Motoren-Tuning gesetzt. Weil leistungssteigernde Teile oft nur schwer und teuer aus Italien zu

Start zum 24-Stunden-Rennen auf der Berliner Avus im Jahr 1962. Ein Renn-Sieg brachte auch im Rollergeschäft Verkaufserfolge

Zuverlässigkeitsfahrt in den österreichischen Alpen. Man beachte den offenen Vergaser der Vespa.

Windschattenfahren: Tief geduckt versuchen die Fahrer das Letzte aus den Renn-Rollern herauszuholen

Selbst für Fahrrad-Steherrennen auf Aschenbahnen mußten die Roller herhalten

Start einer Lambretta zum Hochgeschwindigkeits-Weltrekord

bekommen sind, greifen die Roller-Frisierer lieber selbst zur Bohr- und Fräsmaschine.

Die Leistungsausbeute der Einzylinder-Zweitaktmotoren ist beachtlich. Michael Hayman, verantwortlich für Verkauf und Technik beim englischen Lambretta-Importeur, gibt für seine 200er Lambretta 25 PS an. »Der Motor dreht dann gut 12 000/min. Auf eckigen Rennstrecken kann ich durchaus mit einer 250er TZ-Yamaha konkurrieren. Dabei brauche ich nur 16 bis 18 Liter Sprit pro 100 km«.

Offene Vergaser mit Beschleunigerpumpe, Resonanz-Auspuff sowie sorgfältig vergrößerte Steuerschlitze im Zylinder gehören zum Standard der Tuner. Doch reicht das Angebot einiger Edelbastler von Wasserkühlung, Transistor-Zündung bis zur Scheibenbremse im Vorderrad. Manchem genügt auch das serienmäßige Vierganggetriebe nicht, und er zwängt ein weiteres Zahnradpaar ins Getriebegehäuse.

Am stärksten aber sind die Roller der Special-Klasse. Sie dürfen radikal abgespeckt werden, was übrigbleibt, ist ein Gerippe, an dem nur noch Räder und ein Motor hängen.

Durch das günstige Leistungsgewicht von rund 2 PS/kg (zum Vergleich: Honda VF 1000 2,6 PS/kg) sprinten die Specials in weniger als sechs Sekunden auf die 100 km/h-Marke. Dabei ist der kleine Hinterreifen hoffnungslos überfordert, dreht auf den ersten Metern nach dem Start durch und malt einen dicken schwarzen Strich auf den Asphalt.

Viel Mut und Können erfordert die Rennerei mit solchen Geschossen. Über die kurzen Geraden schießen sie mit gut 160 km/h, bergab werden sie fast 180 km/h schnell. Probleme, vor allem beim Bremsen und Kurvenfahren, gibt's somit genug. Wer schon einmal Roller gefahren hat, kennt die Tücken. Beim Bremsen wird die Gabel stocksteif und verweigert jegliche Absorbtion von Straßenunebenheiten. Dave Webster, Rennroller-Champion 1979 der Standard-Klasse über 209 cm^3: »Du mußt den Lenker ganz brutal festhalten, damit das Ding sauber in der Spur bleibt. Große Schräglagen kannst du eh' nicht fahren, also gibt es nur noch eine Alternative, um schnell um die Ecken zu kommen – runter mit dem Hinterteil und raus mit dem Knie«.

Außerdem erfordern die kleinen Walzen in Kurven äußerste Konzentration. Slicks gibt es in dieser Dimension nicht, die Serienbereifung überrascht die Roller-Bolzer in Schräglage mit unberechenbaren Situationen. Ein Roller-Reifen schmiert ohne Vorwarnung weg. Setzt dann auch noch ein Fahrwerksteil auf der Fahr-

bahn auf, müssen die Fahrer blitzschnell reagieren, um die drif-
tende Fuhre abzufangen. Gibt es dennoch Bruch, sind Ersatzteile freilich schnell zur Hand. Lieferant dafür ist meist der Schrott-
händler. Manchmal kann er sogar billig die Basis zum Rennroller
liefern. »Unser Sport ist nicht teuer«, berichtet Dave Webster,
dessen 158er Lambretta-Special ursprünglich auch einmal zwischen altem Eisen weilte. »Für ein paar Mark liegen abgewrack-
te Lambrettas massenweise herum. Du suchst Dir die beste
'raus, investierst 200 bis 300 Mark, ein bißchen Farbe und viel
Zeit. Jeder hat die gleichen Chancen, auch wenn er nicht das
neueste Modell hat.«

Darum ist auch Malcolm Stevens jedes Jahr bei den 13 Rennen
der Saison dabei. Er fährt seit 30 Jahren Motorroller, seit zehn
Jahren hetzt er auf einem Maicoletta-Rollergespann um die
Rennstrecken, gelenkt von seiner Frau Jenny. »Ich spiele lieber
den Schmiermax«, erklärt Malcolm Stevens, »außerdem kann
ich nicht mehr so schnell gucken, wie das Gespann in die Kurve
fegt. Wenn ich fahren würde, hingen wir wahrscheinlich jedes-
mal nach der ersten Biegung in den Fangzäunen«.

*In den fünfziger
Jahren entbrann-
te bei den Italie-
nern ein richtiges
Roller-Rennfie-
ber. Konstruktio-
nen wie diese
Lambretta gingen
auf Hochge-
schwindigkeits-
Rekordfahrten*

4.2. ENTSCHEIDUNG IM MORGENGRAUEN

Mit einer Vespa 200 Grand Sport gingen vier deutsche Roller-
fans im norditalieniscfhen Vizzola auf eine 25stündige Weltre-
kordfahrt.

5.30 Uhr

Weiße Nebelschwaden liegen über den Mauern der halbzerfalle-
nen Häuser von Vizzola südlich des Lago Maggiore. In dem winzigen Ort herrscht morgens um halb sechs gespenstische Stille.
Kein Auto ist zu hören, niemand ist auf den holprigen Gassen unterwegs, nicht einmal ein Hund streunt herum.
Ein paar Meter unterhalb der italienischen Ortschaft, gleich neben dem Fluß Ticino, hallt das Tuckern eines Vespa-Motors
durch die morgendliche Stille. Auf dem Testgelände der Reifen-
firma Pirelli, das sich in den dichten Wäldern Vizzolas versteckt,
herrscht emsiges Treiben. Eine halbe Stunde noch, dann soll es
auf Rekordfahrt gehen: mit einer Vespa 200 Grand Sport 25
Stunden lang nonstop rund um das Testareal.
Ulli Gräber, einer der drei Fahrer, hält es kaum mehr in dem kleinen Campingbus neben der Versuchsstrecke aus. »Ich bin
schon ganz nervös«, sagt er immer wieder und schlingt dabei ein
Wurstbrot hinunter. »Hoffentlich kommt der bestellte Krankenwagen bald, damit alles für die Sicherheit getan ist und wir endlich starten können.«
Thilo Stroh, der Benjamin der Truppe vom Vespa-Club Darmstadt, hat derweil ganz andere Sorgen. »Nur nicht schnell bewegen«, ermahnt er sich selbst eingedenk zweier Flaschen Italo-
Biers, die ihm offensichtlich nicht bekommen sind.
Der Initiator der ganzen Aktion und dritter Mann im Fahrerteam
sitzt derweil auf dem Fußboden des Campers und zieht hastig an
seiner Zigarette. Der Glimmstengel ist Beweis genug für Dieter
Mertes Nervosität; Tage zuvor hatte er den Nikotingenuß noch
entschieden abgelehnt.
Nur einer sieht dem Vespa-Marathon gelassen entgegen: Werner Gräber, von allen liebevoll »Vadder« genannt. Er kocht den
Kaffee, soll die Spritversorgung sichern, die gefahrenen Runden
notieren und notfalls beim Schrauben helfen. Sein Kampf gegen
die Nervosität der anderen hat jedoch keinen Erfolg. Der Minu-
tenzeiger rückt immer weiter auf die volle Stunde vor, der Krankenwagen ist noch nicht in Sicht, und auch Christa Solbach, die
Präsidentin der Fĕdĕration Internationale des Vespa Clubs

(FIV), die sehnsüchtig mit frischen Brötchen erwartet wird, fehlt noch.

Als der weiße Krankenwagen dann endlich mit Blaulicht auf das streng gesicherte Pirelli-Testgelände fährt, stehen die Zeichen schon auf Start. Den Motor hat man sorgfältig warmgefahren und ihm eine Kerze mit höherem Wärmewert spendiert. Ulli steht zappelig in seiner rot-weißen Thermokombi neben der Vespa und wartet auf das Zeichen der Startflagge.

Start im Morgengrauen: Die Vespa PX 200 des Vespa-Club Darmstadt geht auf den Kilometer-Marathon

6.30 Uhr

Der Tacho des goldenen Vespa-Sondermodells zeigt 980 km, als Ulli den Zwölf-PS-Motor startet. 25 Stunden soll er von nun an laufen, ohne Unterbrechung beim Tanken, bei Reparaturen oder beim Reifenwechsel. Dieter Merte sieht dem Mammut-Programm in einer Hinsicht gelassen entgegen: »Wenn der Motor nicht 25 Stunden durchhält, macht das nichts. Wir haben ja noch Garantie.« Für Francesco Addragna vom Vespa-Hersteller Piaggio ist die Standfestigkeit des Roller-Motors gar keine Frage. »Ich traue ihm zu, daß er auch noch Stunden länger laufen würde«, meint er augenzwinkernd.

7.48 Uhr

Nach 45 Runden stellt Ulli Gräber die Vespa ab. 106 Kilometer hat er auf dem Rundkurs zurückgelegt. »Es ist noch ganz schön frisch«, resümiert er. Mit laufendem Motor wird der Roller aufgetankt, dann macht sich Thilo auf den Weg.

Wenig später dröhnt die Vespa-Fanfare über das Versuchsgelände. Für zwei Fälle hatte man das Hupsignal vereinbart: als Zeichen für bevorstehenden Fahrerwechsel oder bei Pannen unterwegs. Werner Gräber schaut auf seine Liste . . .« Der hat erst 20 Runden zurückgelegt; da stimmt was nicht,« stellt er fest. Alles springt von den Stühlen auf und stürmt zur Strecke. Thilos Gesicht, die Kratzer an seiner Vespa und die Grasbüschel , die sich am Trittbrett verfangen haben, sprechen Bände. »Da war plötzlich ein Hase auf der Strecke«, berichtet der Sturzpilot entsetzt. »Ich war in Schräglage und viel zu schnell. Da bin ich ausgewichen und ins Gras gefahren. Erwischt hab' ich das Vieh aber nicht.« Dieter will erst gar keine Unruhe aufkommen lassen. »Fahr los, Junge. Es ist ja nichts passiert«, sagt er zu Thilo und klopft ihm auf die Schulter. »Der Motor ist aber noch gelaufen«, ruft Thilo, legt den Gang ein und brummt in Richtung Linkskurve davon.

Diskussion über den Ausflug ins Grüne gibt es beim Rest der Mannschaft nicht. Nur der »Vadder« ärgert sich: »Der hätte den Hasen wenigstens erwischen können. Das hätte ganz bestimmt ein prima Mittagessen gegeben.«

Die Freude über den Scherz währt nicht lange, denn schon wieder dröhnt die Hupe. Thilo ist von der Hasenjagd so mitgenommen, daß er aus Sicherheitsgründen einen Fahrerwechsel vorschlägt. Außerdem ist die Lenkerhaltung verzogen und muß gerichtet werden.

8.30 Uhr

Dieter hat den Rest von Thilos Etappe übernommen und kehrt ziemlich genervt zurück. Der Bremshebel war bei der Hasenjagd abgebrochen. 25 Runden lang hat er nur die Hinterradbremse zur Verfügung gehabt. In Windeseile wird ein neuer Hebel montiert. Der Motor tuckert noch immer.

11.30 Uhr

Thilo hat seinen Humor wieder gefunden. »Wenn ich den Hasen erwischt hätte, hätte ich ihn ausgestopft und mir in den Schrank gestellt«, sagt er lachend. Dieter hat die Hasenjagd nicht ganz so

68

gut verkraftet. Ob Elektrosäge oder Autohupe, bei jedem Geräusch springt er wie elektrisiert vom Stuhl hoch und vermutet einen weiteren Sturz.

13.00 Uhr
Den ganzen Morgen über war es bewölkt, jetzt brennt die Sonne voll auf die Strecke. Dieter dreht noch immer im Thermoanzug seine Runden. »Ich bin froh, daß die Benzinkontrollampe aufgeleuchtet hat«, sagt er schweißüberströmt beim Stop. Dem Hinterradreifen machen Hitze und Dauerbelastung nicht zu schaffen. 49,5° C mißt Pirelli-Mann Günter Bischoff. »Für einen Roller ist das ein guter Wert« erklärt er. »Beim Motorrad wäre noch nicht einmal die Betriebstemperatur erreicht.«

16.16 Uhr
Drei Stunden ohne Schaden, dann kündigt sich neues Unheil an. Thilo ist schon wieder der Unglücksrabe. Lautstark hupend fährt er schlingernd zum Fahrerlager. Diagnose: »Da war schlagartig die Luft raus«, erzählt er. Ein neues Rad wird montiert; der Motor läuft immer noch.
Günter Bischoff fördert die Pannenursache zu Tage: Ein winziger Dichtring hatte ein Loch in den Schlauch gerieben. Wie der Dichtring dort hinkam, weiß keiner.

Ein unverhoffter Reifenschaden kostet wertvolle Minuten. Doch der neue Reifen ist schnell montiert

Hektischer Fah-
rerwechsel mit
Tankstop in der
„Nacht der lan-
gen Messer"

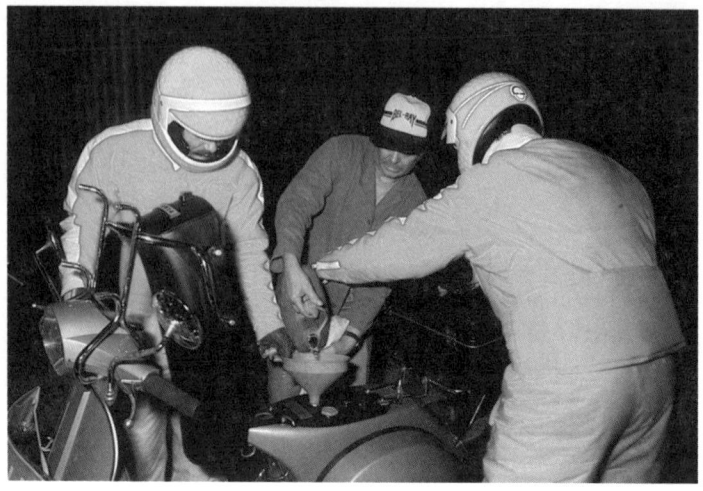

19.18 Uhr
Die Hälfte der Distanz ist um eine Viertelstunde überschritten.
Werner Gräber notiert eine zurückgelegte Strecke von 1000 km.

20.15 Uhr
Bevor die Nacht hereinbricht, geht Ulli auf Rekordjagd. Die Stän-
derhalterung hat er mittlerweile in einer langgezogenen Linkskurve so weit abgeschliffen, daß nichts mehr aufsetzt. Er
schraubt den Rundenrekord auf 1,31 Minuten für den 2,3 km langen Kurs. Obwohl der Roller nur 105 km/h schnell ist, schafft er
einen Schnitt von 91 km/h.

20.35 Uhr
Die einsetzende Dämmerung sorgt für neue Probleme. Hasen
tummeln sich zuhauf auf der Strecke. Thilo fährt in die Auslauf-
zone einer Kurve, um einen erneuten Sturz zu vermeiden.

22.00 Uhr
Die Tierwelt von Vizzola wird für die Vespa-Piloten zum Schrek-
ken der Nacht. Eine schwarze Katze streunt auf der Strecke herum, Fliegenleichen auf dem Visier erschweren die Sicht, und immer noch hoppeln die Hasen herum. »Die feiern neben der
Strecke eine Party«, meint Ulli beim Wechsel. »Du siehst nur die
roten Augen am Straßenrand und fährst Slalom, damit du keines
von den Viechern erwischst.«

24.00 Uhr
Mitternacht. Die Rundenzeiten sind langsamer geworden. Dieter erreicht einen Schnitt von 66 km/h, und Ulli schraubt seine Geschwindigkeit auf durchschnittlich 77 km/h zurück. »Kein unnötiges Risiko eingehen«, hat Dieter Merte als Devise ausgegeben.

Beim letzten Fahrerwechsel vor dem Ziel wird noch einmal die Vorderradbremse nachgestellt

3.00 Uhr
Ulli kehrt von seiner Etappe mit der ersten Verlustmeldung zurück: »Ich habe in einer Kurve voll eine Kröte unters Vorderrad bekommen. Ich hab gedacht, ich fahr' über einen Backstein. Die Vespa hat's einen halben Meter versetzt, aber gestürzt bin ich zum Glück nicht.«

5.00 Uhr
Es dämmert langsam. Die Temperatur beträgt etwa 10° C. Der gesamten Crew sind die Strapazen der Nacht ins Gesicht geschrieben. Die häufigen Wechsel haben keinen Schlaf zugelassen. Der Kaffekonsum geht in die Liter. Die Dosenmilch ist schon ausgegangen.
Die Etappen sind kürzer geworden. Statt anderthalb Stunden bis zum nächsten Tankstop zu fahren, wird jede halbe Stunde gewechselt. Ulli tut das Hinterteil weh. »Die Sitzbank ist auch nicht die bequemste« muß Dieter zugeben.

71

Geschafft- die siegreiche Truppe stellt sich dem Fotografen

6.30 Uhr
Noch eine Stunde, dann ist der Rekord geschafft, und dem Eintrag ins »Guiness-Buch der Rekorde« steht nichts mehr im Weg. Werner Gräber ist auch nach der schlaflosen Nacht die Ruhe selbst. Frisch geduscht und putzmunter steht er an der Strecke und registriert Runde um Runde. Die 24 Stunden seit dem Start scheinen spurlos an ihm vorübergegangen zu sein. Dieter ist mit seinen Kräften sichtlich am Ende. »Ich bin müde«, bekennt er. Ein letztes Mal schwingt er sich für eine halbe Stunde in den Sattel der Vespa.

7.05 Uhr
Letzter Wechsel. Thilo und Ulli können sich nicht einigen , wer fährt. Also setzen sich beide auf den Roller und kurven noch einmal 14 km um das Pirelli-Gelände.

7.31 Uhr
Christa Solbach steht mit einer schwarz-rot-goldenen Fahne am Ziel, Günter Bischoff hat die Sektflasche in der Hand. Da biegt der goldene Roller aus der letzten Linkskurve in die Zielgerade. Die Vespa-Fanfaren dröhnen, Thilo jubelt auf dem Sozius, Sektkorken knallen − es ist geschafft. Glücklich streifen die beiden

72

Schlußfahrer die Helme vom Kopf. Die Müdigkeit scheint verflogen zu sein. Jetzt zählt für sie nur noch der Erfolg.

Werner Gräber zieht Bilanz, geht mit dem Taschenrechner und seiner mit Akribie geführten Liste zu Werke. 1852 km haben seine Schützlinge in den 25 Stunden zurückgelegt. Günter Bischoff prüft den Reifen, der nach 1200 km Dauerbelastung bei hohen Außentemperaturen immer noch 1,2 mm Profil aufweist.

Dieter Merte beschaut sich derweil stolz und zufrieden seine leicht zerkratzte und verstaubte Vespa. Für ihn ist der Dauerlauf von Vizzola allerdings bereits Vergangenheit. Er träumt von neuen publikumswirksamen Roller-Aktionen. Wie schrieb er doch vor einiger Zeit in einer Vespa-Klubzeitschrift? »Neue Ideen schwirren schon in meinem Kopf herum.«

5 Kaufberatung

5.1 SPRECHSTUNDE

Welcher Roller soll es sein? Die Palette reicht vom neuen Mokick-Roller für 1500 DM bis zum luxurösen Reiseroller für 4500 DM.

Für welchen Roller soll sich der Liebhaber der skurrilen Gefährte entscheiden? Das Angebot an Neufahrzeugen ist groß, dem Uneingeweihten fällt es zwangsläufig schwer, den für ihn richtigen Scooter zu wählen.

Preislich attraktiv sind die Mokick-Roller. Ganz besonders reizvoll sind die Fahrzeuge der 86er Generation. Denn diese Zweiräder dürfen dank einer Gesetzesänderung jetzt 50 km/h schnell sein. Dieses Tempo reicht aus, um gut im Verkehrsstrom mitzuschwimmen. Aber auch für kleine Abstecher über Land sind diese Gefährte geeignet.

Ihr besonderes Plus sind die äußerst niedrigen Unterhaltungskosten. Eine Zulassung zum Straßenverkehr ist nicht erforderlich. Die Maschinchen dürfen nach Erwerb eines kleinen Versicherungskennzeichens auf der Straße bewegt werden. Das Schild kostet um die 80 Mark und besitzt ein Jahr lang Gültigkeit. Im normalen Fahrbetrieb begnügt sich solch ein Roller mit rund drei Litern Kraftstoff auf 100 km.

Ein Auto-Führerschein reicht aus Benötigt wird für diesen preiswerten Spaß der Autoführerschein der Klasse 3 oder eine Klasse 4 Fahrerlaubnis.

Schon in dieser kleinen Rollerklasse ist das Angebot groß. Soll es eine Vespa oder ein Modell aus dem fernöstlichen Japan sein, Freunde der zeitlosen Vespa-Linie werden da wohl nicht lange überlegen müssen. Darüber hinaus bieten die Scooter aus dem sonnigen Italien auch handfeste Vorteile. Der Wertverlust beim Wiederverkauf ist relativ gering. Gebrauchte Vespas erzielen immer noch gute Preise.

Die Technik der Piaggio-Produkte genießt den besten Ruf. Bei

74

gewissenhafter Pflege sind Fahrer und Besitzer vor unangenehmen Überraschungen weitgehend sicher. Das Werkstättennetz ist trotzdem recht dicht.

Handgeschaltete Modelle sind indes – davor muß der Einsteiger gewarnt werden – gewöhnungsbedürftig. Die Kupplung dieser Maschinen läßt sich schlecht dosieren. Der Anfänger macht meist entweder einen Hochstart oder würgt den Motor ab. Doch nach einiger Übung ist diese Eigenart in den Griff zu bekommen. Für Schaltfaule bieten die Italiener auch in der 50er Klasse eine Automatik-Version an. Doch zweifelsfrei sind diese Modelle im Fahrbetrieb etwas temperamentloser als ihre Brüder mit manuell geschaltetem Getriebe.

Für Freunde von Komfort gibt es die PK-50-Exemplare auch mit Elektrostarter.

Aus anderem Holze sind die Roller-Angebote aus Japan geschnitzt. Ihre Technik ist auf absolut unproblematisches Handling ausgelegt. Sie haben durchweg Elektrostarter und Automatik-Getriebe. Beim Start muß nicht einmal ein Choke betätigt werden. Die Startautomatik besorgt die notwendige Gemischanreicherung beim morgendlichen Kaltstart. Zu beachten ist bei den japanischen Offerten das Sitzplatzangebot. Der Honda Melody sowie das Modell Salient von Yamaha bieten nur dem Fahrer Platz. Zweisitzig sind der Hercules City CV 50, der von Yamaha hergestellt wird, sowie der Puch Lido SL 50 aus Suzuki-Fertigung.

Der Qualitätsstandard ist – wie bei japanischen Produkten heute üblich – hoch. Unbehagen erzeugen allerdings oft die Verkleidungsteile. Diese neuzeitlichen Roller bestehen zu einem großen Teil aus Kunststoff. An den Befestigungspunkten reißt das Material vielfach aus. Ein Neukauf dieses Bauteils ist dann vielfach notwendig.

Ärger mit den Kunststoffteilen

Wem 50 km/h zu langsam sind, für den gibt es die 80er Roller. Sie gehören zur Leichtkraftradklasse. Wer solch eine 80-cm^3-Maschine bewegen will, braucht den Führerschein der Klasse 1 b, oder aber den der Klasse 3, vorausgesetzt, er wurde vor dem 1. April 1980 erworben.

Vespa bietet die Modelle PX 80 und die schlanke PK 80. Die PK-Roller gibt es – analog zur 50er Klasse – mit Automatik und E-Starter.

Honda offeriert den sehr spurtstarken NH 80 Lead mit 6,8 PS und Vollautomatik für rund 2900 Mark. Eine interessante Alternative stellt der SH 80 dar. Er kostet 2300 Mark und ist eine Mischung aus Roller und Leichtkraftrad. Er besitzt große Speichen-räder, bietet dem Fahrer aber mit einem üppigen Beinschild Wetterschutz.

Teurer ist dagegen der Hercules CV 80. Er ist der große Bruder des CV 50 und will mit stattlichen 3100 Mark bezahlt werden. Am unteren Ende der Preisskala rangiert der Lido 80 von Puch. Er kostet runde 1700 Mark.

Doch kommen für den Besitzer eines Rollers der 80er Klasse hohe Kosten ins Spiel: Die Versicherungen verlangen für den Haftpflicht-Schutz bis zu 850 Mark im Jahr.

Wer den Führerschein der Klasse 1 besitzt, sollte lieber einen der großen Scooter wählen. Zwar sind die Anschaffungskosten höher, doch sind die Versicherungstarife für die schnelleren Roller wesentlich günstiger, Vespas Offerten für die große Klasse heißen PK 125, P 125, PX 150 sowie PX 200. Die PK Roller mit schmalem Heck gibt es wahlweise mit und ohne Automatik.

Ihre Technik ist bewährt. Getreu dem Vespa-Prinzip, die Konstruktion möglichst einfach und dementsprechend unverwüstlich zu gestalten, verblüfft auch die Automatik durch simplen Aufbau. Die stufenlose Übersetzungsänderung wird von einem Keilriemen ermöglicht, der auf zwei im Durchmesser variablen Kegelscheiben läuft.

Der große Klassiker heißt indes PX 200. Mit diesem größten Vespa-Modell sind immerhin 100 km/h Spitzengeschwindigkeit möglich. Seine Leistung liegt mit knapp 10 PS noch in der günstigsten Motorrad-Versicherungsklasse. Ein guter Wiederverkaufswert ist ebenfalls garantiert. Die 200er Vespas sind Renner auf dem Gebrauchtmarkt.

Da die Japaner keine Marktlücke unbesetzt lassen, bieten natürlich auch sie Scooter der gehobenen Klasse. Für sie gilt das, was schon in bezug auf die 50 cm^3-Klasse erwähnt wurde. Das Fahren mit diesen Fernost-Fahrzeugen ist absolut unproblematisch. Sie haben allesamt Vollautomatik und eine selbständig arbeitende Kaltstarteinrichtung.

Erinnerungen an den alten Heinkel werden beim Yamaha Cygnus-Roller wach. Er ist neben dem Puch Lido CD 125 der einzige moderne Vertreter mit Viertaktmotor. Seine Leistung beträgt stattliche 14 PS.

Doch auch kleinere Hersteller bieten Rollermodelle an. Benelli will das Rollerpublikum mit dem pfiffigen S 125 begeistern. Dieses italienische Gefährt hat eine Halbautomatik, bei der zum Anfahren nicht mehr manuell eingekuppelt werden muß.

Aus Indien kommt der Bajaj Chetak 150. Importeur Fritz Röth macht den nach Vespa-Vorbild gebauten Roller deutschen Kunden zugänglich. Für Leute, die es mehr nostalgisch mögen, ist er sicher eine Überlegung wert.

Doch sollte sich für diese Exoten nur der entscheiden, der eine zuständige Werkstatt in der Nähe hat. Sonst können Wartung und Reparatur zum unüberwindbaren Hindernis werden.

Wer seinen Roller mit Zubehörteilen individuell verfeinern möchte, der muß fast zwangsläufig zu einer Vespa greifen. Das Angebot an Accessoires für die Vespen ist erstaunlich. Neben Sturzbügeln, diversen Windschildern, Gepäckträgern und anderen Artikeln gibt es für die Vespa sogar Tuning-Teile. Beispielsweise eine Scheibenbremse fürs Vorderrad, ein Fünfganggetriebe oder Rennauspuffanlagen. Doch muß der Kunde darauf achten, daß durch die Verwendung der Anbauteile die Betriebserlaubnis nicht erlischt und sich beim Händler vor dem Kauf diesbezüglich erkundigen.

Ein umstrittenes Thema ist die Verwendung eines Seitenwagens am Roller. Das Fahrverhalten eines Dreirades auf Scooter-Basis ist sehr gewöhnungsbedürftig. Außerdem reicht die Leistung nicht so recht, um noch flott voranzukommen. Doch als Spaßvehikel sind solche Gespanne natürlich die Nummer eins. Verschiedene Firmen bieten die Umrüstung zum Gespann an.

Der indische Bajaj-Roller ist gar von Haus aus schon gespanntauglich. Ohne aufwendige Umbauten kann an ihn ein Seitenwagen angehängt werden.

Ein gebrauchter Roller kann durchaus ein Schnäppchen sein. Dem Interessierten stehen zwei Wege offen – der Gang zum Händler oder eine Anzeige.

5.2 AUS ZWEITER HAND

Man muß nicht unbedingt Experte sein, um den richtigen Griff zu tun. Denn im Gegensatz zum nahezu unübersehbaren Markt gebrauchter Motorräder findet der Rollerfreund ein begrenztes Angebot vor, das meist ausschließlich von Vespas dominiert wird. Die Produkte des italienischen Herstellers Piaggio erfreuen sich seit jeher großer Beliebtheit, was entsprechende Gebrauchtpreise mit sich bringt. So werden zwei Jahre alte Roller, die 20 000 Kilometer gelaufen sind, oft noch mit 70% des Neupreises gehandelt.

Das hat gute Gründe, denn die unkomplizierte Bauweise der Zweiräder mit dem Blechkleid macht sie unempfindlich und robust. Speziell die Vespen zeichnen sich durch sehr hohe Lebensdauer und Unverwüstlichkeit aus. Fast vier Jahrzehnte Rollererfahrung stecken in den Piaggio-Produkten.

Das unverändert gebliebene Grundkonzept mit selbsttragender Karosserie-Triebsatzschwinge und einseitig geführten Stahlscheibenrädern hat sich auf Millionen von Kilometern bewährt und wurde im Laufe der Jahre ständig verfeinert.

Beim Kauf eines gebrauchten Rollers sollten folgende Punkte generell beachtet werden:

☐ Im Herbst und Winter sinken erfahrungsgemäß die Preise. Daher rechtzeitig vor der neuen Saison entscheiden, welches Modell favorisiert wird, und noch im Winter zugreifen, um den Preis zu drücken.

☐ Wer technisch kaum versiert ist, sollte besser beim Händler kaufen. Dort besteht eine größere Sicherheit gegen Übervorteilung und versteckte Mängel. Allerdings sind die Händlerpreise höher, da Gewinnspanne und Mehrwertsteuer mitbezahlt werden müssen.

☐ Studieren Sie vor dem Kauf den Kleinanzeigenteil einschlägiger Zeitschriften, um einen umfassenden Preisüberblick zu bekommen.

☐ Besonderes Augenmerk auf die Verkehrssicherheit des Rollers richten. Sie ist entscheidender als eine schöne Lackierung.

☐ Prüfen Sie im Fahrzeugbrief die Anzahl der Vorbesitzer. Ist das Fahrzeug durch viele Hände gegangen und hat wenige Kilometer auf dem Buckel, so ist Vorsicht geboten. Es könnte sich nämlich um ein Exemplar mit Problemen handeln.

☐ Erkundigen Sie sich nach der Unfallfreiheit. Sturzschäden sind oft nur äußerlich kaschiert.

☐ Bei sehr hohem Tachostand (über 20 000 km) einen Preisnachlaß aushandeln. Erscheint Ihnen der Kilometerstand zweifelhaft, sollte der Verkäufer im Kaufvertrag die Laufleistung bestätigen.

☐ Vor Vertragsabschluß unbedingt auf eine Probefahrt bestehen.

☐ Der nächste TÜV-Termin, erkennbar an der Eintragung im Fahrzeugschein, ist beim Preis zu berücksichtigen. Der Roller sollte noch mindestens ein Jahr abgenommen sein. Andernfalls auf Wertminderung pochen.

▭ Fragen Sie nach Zubehör und Ersatzteilen. Sie können oft für wenig Geld miterworben werden.

Wer sich für den Kauf einer gebrauchten Vespa entscheidet, sei es eine 50er, eine 80er oder eine der großen, braucht sich um Ersatzteile und Wartung keine Gedanken zu machen. Das dichte Servicenetz mit über 1500 Stützpunkten garantiert gute Ersatzteilversorgung. Kaufinteressenten von 80er-Rollern sollten möglichst ein Exemplar ab Baujahr 1983 erwerben, denn der Typ PK 80 S hat seinem älteren Vorgänger P 80 X einiges voraus. Das neue Modell hat ein Fahrwerk spendiert bekommen, das leichter und kürzer ist. Der nur noch 93 kg schwere Roller läßt sich noch leichtfüßiger bewegen und verfügt jetzt über einen neuen langhubigeren Zweitaktmotor.

Für Tretfaule ist die PK 80 S auch mit Elektrostarter lieferbar, der jedoch gelegentlich Probleme bereitet, wenn das Starterritzel in den schon laufenden Getriebesatz eingreift, was evtl. zur Zerstörung der Getriebeteile führt.

Billiger zu haben sind naturgemäß die älteren 80er aus dem Hause Piaggio. Die P 80 X hatte noch die gleiche Karosserie wie die stärkere 125er. Das höhere Gewicht gegenüber der Neuen wird aber von dem stärkeren Motor gut verkraftet, so daß die Fahrleistungen besonders im Zweimannbetrieb noch etwas besser als bei der PK 80 S sind. Beide Modelle verkraften hohe Kilometerleistungen und sind wartungsarm und servicefreundlich. Wer die hohen Versicherungskosten der 80er Roller scheut (sie werden nach wie vor als Leichtkrafträder eingestuft), sollte sich für ein 125er oder 200er Modell entscheiden.

Die 8 PS starke Vespa PK 125 S Automatik ist als Gebrauchtmaschine rar und daher sehr gefragt. Sie bietet gegenüber den älteren Modellen erhebliche Vorteile: Sie verfügt über eine stufenlose Getriebeautomatik, die hydraulisch über die Gasdrehgriffstellung und über den Fahrtwiderstand gesteuert wird. Die einst etwas umständliche Bedienung des Getriebes mit dem linken Drehgriff entfällt. Ein weiteres Plus: Das Hantieren mit der Zweitakt-Mischung an der Tankstelle erübrigt sich, da die PK 125 S Automatik jetzt Getrenntschmierung hat. Gut 1000 Kilometer kann der Vespa-Pilot das Ölnachfüllen vergessen, denn der separate Tank faßt 1,1 Liter Schmierstoff.

Die Vespa 125 ist wohl der ideale Stadtflitzer. Ihr Fahrer kann sich also ganz dem Straßenverkehr widmen, da sie denkbar einfach zu bedienen ist. Damit ist sie natürlich gerade für Neulinge prädestiniert.

Ein Dauerbrenner auf dem Roller-Gebrauchtmarkt ist das 200er Modell von Piaggio. Kosten pro gefahrenen Kilometer unter 12 Pfennigen sprechen für sich. Nachdem die italienischen Roller-bauer ihrem Topmodell nun 10 PS mit auf den Weg gaben, fallen nur minimale Versicherungsprämien an. Einige ältere Modelle hatten 12 Pferdestärken und mußten somit in der Klasse bis 17 PS versichert werden. Kaufinteressenten einer älteren 200er sollten daher auf den Eintrag im Fahrzeugbrief achten.

Der große Roller läuft über 90 km/h, so daß längere Fahrten unternommen werden können.

Ein Kritikpunkt stellt bei jeder Vespa die Vorderradbremse dar. Speziell Roller des Baujahrs 1978 ärgerten ihren Besitzer durch unrunde Bremstrommeln. Ein zitterndes Vorderrad war die Folge. Da das Werk auf dem Garantieweg die Bremstrommeln tauschte, ist jedoch nur noch bei wenigen Gebrauchtmaschinen mit diesem Manko zu rechnen. Kaufinteressenten sollten sich bei einer Probefahrt vom Rundlauf der Bremstrommel überzeugen.

Ein weiterer Schwachpunkt ist die Rostanfälligkeit der Karosserie. Unter dem Trittbrett, das stark von Steinschlag beansprucht wird, ist häufig schon bei Vespen, die erst ein halbes Jahr alt sind, ein Anflug von Rost vorhanden. Erfahrene Vespafahrer behandeln daher die Trittbrettunterseite mit Unterbodenschutz. Auch ein Blick in das Handschuhfach kann nicht schaden, da Feuchtigkeit in diesem Bereich schnell zu Korrosion führt.

Gröbere Schäden bei Rollern mit hoher Laufleistung sind auch beim Getriebe zu befürchten. Bei einer Probefahrt stellt sich schnell heraus, ob die Gänge herausspringen. In diesem Fall ist das Schaltkreuz verschlissen. Hier hilft nur ein Werkstattbesuch, bei dem das verbrauchte Schaltkreuz, auch Ziehkeil genannt, samt den beschädigten Zahnrädern zu erneuern ist.

Rollerliebhaber müssen mit einer weiteren Untugend der Vespen rechnen: Hartes Eintauchen des Vorderbaus beim Bremsen wegen der gezogenen Kurzschwinge ist gewöhnungsbedürftig und erschreckt vor allem Vespa-Neulinge. Trotz allem gehören die Vespen zu den robustesten Vertretern unter den Rollern. Das belegt auch eine TÜV-Statistik von 1980: Nur jeder elfte Rollerfahrer mußte ein zweites Mal beim TÜV vorfahren, weil ihm beim ersten Versuch die Plakette verweigert worden war. Zum Vergleich: Bei den Motorrädern fallen auf Anhieb rund 30 Prozent durch.

Nachdem heute fast nur noch Roller mit Zweitaktmotor auf dem

Markt sind, erfreut sich ein Oldtimer besonderer Beliebtheit – der Heinkel Tourist. Seinerzeit galt der Heinkel wegen seines modernen Viertaktmotors als König unter den Rollerkonstruktionen. Noch 1980 registrierte das Flensburger Kraftfahrtbundesamt über 7000 Exemplare auf deutschen Straßen.

Maßstäbe setzte der Heinkel nicht nur hinsichtlich seines drehmomentstarken 175-cm^3-Motors, sondern auch aufgrund des modernen Fahrwerks. Es war ein motorradähnliches Stahlrohrgestell mit Telegabel. Die hintere Radführung übernahm eine Schwinge mit zwei Federbeinen.

Gebrauchte müssen nicht teuer sein. Gut restaurierte Exemplare sind unter 3000 Mark zu haben. Sämtliche Ersatzteile sind noch lieferbar, denn die Heinkel-Clubs lassen die wichtigsten Verschleißteile nachfertigen. Sogar komplette Karosseriebleche sind noch zu haben. Doch das Restaurieren lohnt nur, wenn die notwendige Fachkenntnis, Zeit und eine Werkstatt vorhanden sind.

Größere Schwierigkeiten bereitet da schon das Restaurieren eines anderen Oldies – des von NSU in Lizenz gebauten Lambretta-Rollers. Auf Veteranmärkten und Ersatzteilbörsen muß sich der NSU-Fan umschauen, um die notwendigen Teile zu bekommen. Komplette Fahrzeuge werden jedoch schon für 1000 bis 1500 Mark angeboten. Immerhin sollen noch einige tausend Exemplare des 6,2 PS starken 150-cm^3-Rollers existieren.

Wer sucht, der findet auch noch den Komfort Roller NSU-Prima. Auch dieser Klassiker mit den zwei nostalgischen Einzelsitzen, dem großen Gepäckträger und dem gelungenen Styling wird für 1000 bis 2000 Mark unter Liebhabern gehandelt.

Seit 1980 kommen jedoch auch vermehrt Roller aus Japan nach Deutschland. Auch sie glänzen mit robuster Technik und problemlosen Motoren. Da sie in aller Regel anstelle einer selbsttragenden Blechkarosserie einen Einrohrrahmen haben, sind sie gegen Rost bestens gefeit, wenn die Verschalung aus Kunststoff ist. Dennoch ist genaue Begutachtung des Zustands und Überprüfung der Kundendienst-Inspektion ratsam.

6 Testberichte

6.1 LANGSTRECKENTEST: 12 500 KILOMETER MIT DER VESPA P 200 E

Motorrollern wird problemloser und sparsamer Betrieb nachgesagt. Die Zeitschrift MOTORRAD prüfte das Topmodell von Vespa, die P 200 E, auf 12 500 Kilometern. Nur zweimal blieb der Roller außerplanmäßig stehen.

Motorroller und Vespa sind zwei schier unlösbar miteinander verbundene Begriffe. Was im Herstellerland der Roller, in Italien, eher mehr als zweirädrige Familienkutsche oder Zugpferd für Karren von Obst- und Gemüsehändlern dient, genießt in Deutschland seit einigen Jahren wieder wachsendes Ansehen als wendiges Stadtfahrzeug und Untersatz für ausgedehnte Wochenendausflüge.

Dabei versprechen Ruf wie Werbung für den Vespa-Roller neben äußerster Zuverlässigkeit auch problemlosen und wirtschaftlichen Betrieb. Dazu zählen noch der günstige Anschaffungspreis und die niedrigen Versicherungsprämien; denn selbst der stärkste Vespa-Roller, die P 200 E, wird in die Klasse bis zehn PS eingestuft.

Was lange fährt . . . Ein Jahr lang rollte der Vespa-Roller unter MOTORRAD-Aufsicht im Testfuhrpark, auch im Winter. Egal war dabei, ob die Vespa die Nacht in der warmen Garage oder draußen bei mehr als zehn Minusgraden, womöglich noch tief eingeschneit, verbrachte: Einige Tritte auf den Kickstarter genügten immer. Selbst nach wochenlanger Standzeit lief sie problemlos an.

Der Choke muß dabei immer gezogen werden, auch bei wärmerer Witterung. In betriebswarmem Zustand geht es natürlich auch ohne Choke. Stundenlange Autobahnfahrten mit Vollgas und Höchstdrehzahl oder gemächliches Bummeln mit wenig mehr als Leerlaufdrehzahl absolvierte der 200-cm^3-Zweitaktmotor gleichermaßen gelassen, auch mit zwei Per-

82

„Das ging gerade nochmal gut". Die Langstrecken-Vespa nach einem Ausrutscher im Schlamm

In diesem Terrain ist kaum ein Fortkommen möglich. Trotzdem streikt die Vespa nicht

Ein schleichender Plattfuß sorgt für einen unplanmäßigen Stop im Bayerischen. Doch nach rund 30 Minuten geht es wieder weiter

sonen und Gepäck. Unter voller Last war kaum ein Unterschied in der Höchstgeschwindigkeit des drehschiebergesteuerten Motors.

Der im Handbuch angegebene Kraftstoffverbrauch von drei Litern pro 100 km scheint dagegen Wunschdenken des Herstellers zu sein. Selbst bei bewußt sparsamer Fahrweise waren 3,5 Liter auf der Maßstrecke kaum zu unterbieten. Bei überwiegendem Stadtbetrieb waren es durchschnittlich 4,3 Liter, auf schnellen Bundesstraßen oder Autobahnen kletterte der Verbrauch manchmal auf über fünf Liter. Für einen Zehn-PS-Motor ist dies eindeutig zu viel.

Probleme mit der richtigen Mischung

Hoher Verbrauch und kleiner Tank unter der Sitzbank können daher ganz schön nerven. Nach gut 100 km muß bereits auf Reserve umgeschaltet werden und an der Tankstelle gibt es dann echte Probleme. Denn ein selbstmischendes Zweitaktöl wird meist in Mindestmengen von 250 cm³ angeboten. Dazu gehören dann 12,5 Liter Kraftstoff, um das korrekte Mischungsverhältnis

84

Die Vespa vor einem Hotel in heimischen Gefilden am Lago Maggiore

von 1:50 zu erreichen. Der Vespa-Tank faßt aber, sofern ganz leer, acht Liter. Das Restöl muß zwangsweise verschenkt werden, oder man bedient sich an der kleinen Zweiliter-Zapfsäule für Mofas und füllt sich dort den Tank.

Besser und billiger ist es, sich eine Literflasche Öl als Vorrat ins Handschuhfach zu legen und dann mit dem kleinen Meßbecher aus dem Bordwerkzeug die richtige Menge abzufüllen.

4000 Winterkilometer überstand die Blechkarrosserie ohne Anzeichen von Rost. Der erste Hinterreifen hielt 4400 Kilometer, fällig war nur ein neuer Seilzug für die Vorderradbremse. Die vordere Trommelbremse der P 200 E läßt auch unter Alltagsbedingungen ein wenig zu wünschen übrig: Bei der Langstrecken-Vespa war sie von Anfang an recht ruppig, das heißt, sie rubbelte wegen unrunden Gußringes und konnte bei gezielten Notbremsungen mit ihrer schwachen Verzögerung nicht überzeugen. Dafür funktionierte die hintere Trommel um so besser und blockierte den Reifen schon bei mäßigem Druck auf das Bremspedal.

Auch über die Scheinwerferleistung war im Fahrtenbuch wenig Angenehmes zu lesen, manchmal gar wenig Druckreifes. Anstelle der serienmäßigen 25/25 Watt-Glühlampe kann eine solche mit 35/35 Watt eingesetzt werden. Die Lichtleistung erhöht sich dadurch zwar nicht viel, gegen Durchbrennen der Glühfäden ist letztere Lampe jedoch widerstandsfähiger.

Als sehr wendiges, ideales Stadtfahrzeug hatte die Vespa P 200 E in der Redaktion längst Zuspruch gefunden, freilich erst, nachdem sich der jeweilige Fahrer an die rollertypischen Fahreigenschaften gewöhnt hatte. Wer es einmal gelernt hat, traut sich in Kurven bisweilen ordentliche Schräglagen zu. Links streift dabei der dicke Gummi am Kippständerfuß und mahnt so vor der Schräglagengrenze. Rechts dagegen kratzt gelegentlich sogar das untere Kickstarter-Ende auf dem Asphalt, worauf das Rollerheck ein Stück gen äußeren Kurvenrand gehebelt wird. Im Normalbetrieb wird diese Grenze freilich nicht erreicht. Ein Roller ist schließlich keine Rennmaschine.

Überraschung: Plötzlich blieb der Funke weg Nach etwas mehr als der halben Dauertest-Distanz blieb der Vespa-Roller plötzlich stehen, der Motor war nicht mehr zum Leben zu erwecken: Diagnose: kein Zündfunke.

Daraufhin wurde die Zündbox ausgewechselt, jenes Teil, das im Ersatzteil-Katalog als »Elektronik-Zentrale« bezeichnet wird. Mit

VESPA P 200 E – Verschleiß nach 12500 m		
Zylinder: Einbaumaß 66,5 ± 0,025 mm	Istmaß	66,25 mm
Kolben: Einbaumaß 66,295 ± 0,015 mm	Istmaß	66,30 mm
Kolbenspiel: Einbauspiel 0,215 mm	Istspiel	0,22 mm
Kolbenringe (Stoßspiel): Einbauspiel 1./2. Ring		0,25–0,40 mm
Verschleißgrenze 1./2. Ring		2,0 mm
1./2. Ring	Istmaß	0,5/0,5 mm
Pleuellagerspiel (axial): Verschleißgrenze 0,7 mm	Istwert	0,3 mm
Kupplungsreibscheiben (Dicke):	Istwert	3,0 mm
Kupplungsstahlscheiben (Verzug):	Istwert	plan/1,0 mm
Anmerkungen: Getriebe: Mitnehmerzapfen vom Ziehkeil abgerundet, Zahnräder und Lager in Ordnung, zweiter Kolbenring fest.		

intakter Zündanlage, zwei Personen und vollem Urlaubsgepäck rollte der Roller dann Richtung Südfrankreich. Dazu wurde der Reifendruck vorn auf 2,2 bar, hinten auf 2,9 bar erhöht. Und weil sich das Reifenprofil hinten der Verschleißgrenze näherte, wurde kurzerhand das noch gute vordere Rad gegen das hintere ausgetauscht. Eine geldsparende Möglichkeit, die heutzutage nur noch ein Roller offerieren kann. Die fällige 8000-Kilometer-Inspektion erledigte, wie auch die bei 12 000 km, der Fahrer selbst, was bei den Motorrädern meist auch nicht mehr möglich ist oder was nicht jeder kann.

Die 2500-Kilometer-Urlaubstour schien die Vespa klaglos zu verkraften. Doch 40 Kilometer vor Stuttgart blieb der Roller mangels Zündfunkens erneut stehen und verlangte eine neue »Elektronik-Zentrale«. Bis auf die zwei Ausfälle der Zündanlage traten keine größeren Defekte auf.

Ärgerlich: hoher Kraftstoffverbrauch

Konstruktionsbedingt ist der hohe Reifenverschleiß auf dem Hinterrad. Das 3,5 Zoll breite Hinterrad wird nicht nur durch den Antrieb, sondern auch beim Bremsen strapaziert. Trösten kann dabei höchstens der günstige Preis (rund 75 Mark) für einen neuen Pneu sowie die auch für Laien einfache, bequeme und schnelle Montage mit abnehmbarer Felge.

Wäre da nicht der hohe durchschnittliche Kraftstoffverbrauch (593 Liter für 12 500 Kilometer genügen den meisten 27 PS-Maschinen), wäre die Vespa P 200 E eine noch größere Alternative zu 10- und 17-PS-Motorrädern, als sie es ohnehin schon ist.

VESPA P 200 E-Fahrleistungen

Beschleunigung		Messung bei	
		2350 km	13 200 km
0−30 km/h	s	2,7	2,2
0−40 km/h	s	4,5	3,9
0−50 km/h	s	6,5	6,0
0−60 km/h	s	9,5	7,8
0−70 km/h	s	13,2	10,2
0−80 km/h	s	20,7	14,1
Höchstgeschwindigkeit			
Zwei Personen	km/h	81,4	84,0
solo sitzend	km/h	85,9	92,1
Verbrauch			
Dauertestverbrauch 4,7 Liter/100 km, Mischung 1:50			

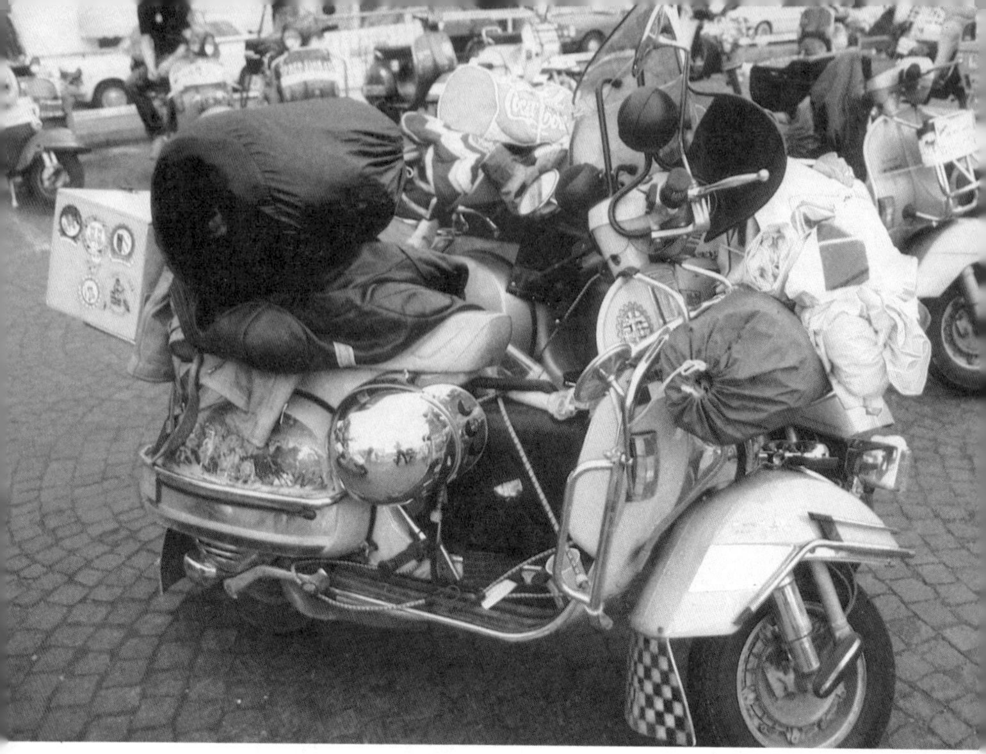

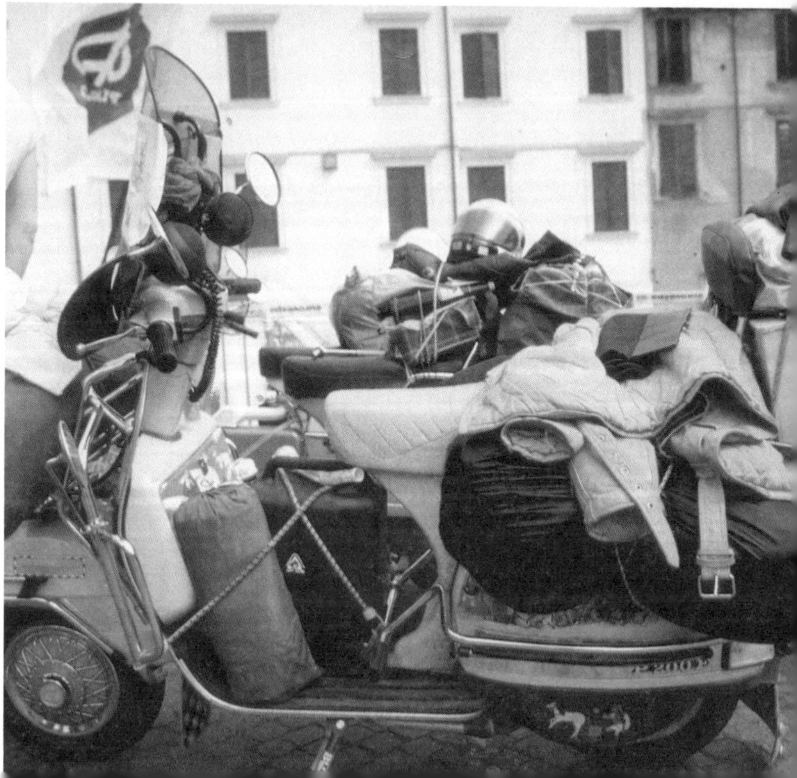

Allerlei Skurriles
beim Vespa-
Treffen in Verona.

Linke Seite oben:
Auch dieses
schwer bepackte
Vehikel hat über
40 000 Kilometer
auf dem Buckel

Darunter: Dieser
Weltenbummler
ist bestens aus-
gerüstet – von
der Zahnbürste
bis zur Feldküche
ist alles an Bord

Rechte Seite
oben: Diese
Innocenti-Lam-
bretta hat sogar
Zusatzschein-
werfer auf der
Cockpit-Verklei-
dung montiert.
Der mitgeführte
Hammer dient
lediglich zum
Einschlagen von
Zeltnägeln

Unten: Dieser
Vespa-Besitzer
nimmt für Nacht-
fahrten einen
Reservekanister
mit, um die
Reichweite des
Rollers zu erhö-
hen

Was die 12 500 km mit der Vespa P 200 E kosteten

km-Stand	Ausgeführte Arbeiten	Ersatzteile Kosten	Arbeitslohn in Mark
2 040	Getriebeölwechsel	3,95	
3 318	Gasschieber hängt	3,90	49,83
4 283	Inspektion		75,94
	Getriebeöl	3,95	
	Zündkerze	5,42	
	Bremszug	4,20	
	Dichtung	0,50	
	Schmiermittel	2,20	
	Kleinteile	3,39	
4 410	Hinterreifen	73,45	
6 432	Rückspiegel	34,50	
6 603	Neue Elektronik-Zündbox	73,95	
8 286	Getriebeölwechsel	4,35	
9 027	Neue Elektronik-Zündbox	73,95	
9 506	Sicherung und Glühlampe	2,50	
10 057	Hinterreifen	58,42	
12 220	Getriebeölwechsel	4,35	
Zwischensumme		352,98	125,77
Kraftstoff: 593 Liter Mischung		1008,10	
Gesamtkosten		1486,85	
Kosten pro Kilometer (in Pfennig)		11,9	

1) Reibscheiben der Kupplung leicht verglast, eine Reibscheibe stark verzogen

2) Schlechte Wirkung der Vorderradbremse

3) Am Kolben war der zweite Kolbenring in der Nut festgebacken

4) Mitnehmerzapfen der Ziehkeilschaltung mit abgerundeten Kanten (Verschleiß)

5) Zweimal fiel der Steuerteil der elektronischen Zündung aus

6.2 TEST VESPA PK 80 S ELESTART AUTOMATICA: WENDEROLLER

Mit der PK 80 S weitet Vespa sein Automatikprogramm aus. Wie gut ist der neue Roller?
Für Vespa fand die Wende 1984 statt. Denn in diesem Jahr wurden die 50er, 80er und 125er Typen der PK S-Serie gleich mit drei technischen Neuerungen vorgestellt.

- Statt der Gangschaltung bieten sie jetzt für die PK-Serie ein hydraulisch geregeltes Automatikgetriebe an
- Der zweite Schritt war die Einführung der Getrenntschmierung
- Punkt drei ist der Übergang bei den Automatikmotoren von Hubscheiben-Drehschieber- auf Membran-Einlaßsteuerung.

Äußerlich fällt das bahnbrechend Neue an der knallroten Test-Vespa kaum auf, denn stilistisch geht Piaggio mit seinen Vespen so schnell keine Wagnisse ein. Warum auch, solange die Nachfrage nach den italienischen Rollern auch in Deutschland ungebrochen ist.
Die Vespa PK 80 S Elestart automatica mit 5,4 PS kann außer den drei Neuerungen noch einen Elektrostarter vorweisen, der, sozusagen als Vorbote der Revolution, schon 1983 auf den deutschen Markt kam. Ganz neu ist die tretfaule Startidee freilich auch bei Vespa nicht. Vor rund zehn Jahren lief in einer 50er-Vespa bereits ein Bosch-Dynastarter Probe. Die Lichtmaschine funktionierte dabei als Anlasser, wenn der Starterknopf gedrückt wurde.
Der neue Elektrostarter greift als separater Anlasser auf den außenverzahnten Lichtmaschinenmotor und startet so den Motor. Allerdings braucht die Elestart-Vespa dazu eine große Zwölf-Volt-Batterie. Das bringt zwei Nachteile mit sich: Die Batterie muß gepflegt werden, und das zierliche Fahrzeug wird gleich 6 kg schwerer.
Wer den roten Starterknopf am rechten Lenkerende gefunden hat, kann den Zweitaktmotor jedoch noch nicht starten. Bei Vespa muß — wie bei den japanischen Rollern — zur Sicherheit der linke Handhebel gezogen werden, der keine Kupplung betätigt, sondern die hintere Bremse.
Auf Hebelzug und Knopfdruck brummelt die PK 80 S zuverlässig los. Der Choke — beim Kraftstoffhahn vorn unter der Sitzbank in-

Neu: Starterknopf und Handbremse für hinten

91

stalliert – will rasch wieder in seine Ruheposition gebracht werden, weil der Motor sonst überfettet abstirbt.

Am linken Lenkerende weist der Roller einen Drehgriff mit zwei Rasten auf: 0 und 1. Sanft und sauber rastet die Fahrstellung (1) der Automatik ein. Folgt ein gefühlvoller, aber kräftiger Dreh am Gasgriff, dann setzt sich das im Vergleich zur Konkurrenz recht schwere Gefährt (97 kg) flott in Bewegung.

Im Gegensatz zu den Japanern, die mechanisch geregelte Keilriemen-Variomatiken in ihre Roller einbauen, betreibt Piaggio wesentlich mehr Aufwand mit seinem hydraulisch geregelten Kegelscheibengetriebe.

Der Hauptunterschied zwischen den Systemen liegt darin, daß bei der Keilriemen-Variomatik die Getriebeübersetzung von der Fahrgeschwindigkeit reguliert wird, bei Vespa aber in Abhängigkeit von Fahrgeschwindigkeit und Öffnung des Gasdrehgriffs. Nur der 180-cm³-Cygnus-Roller von Yamaha bietet etwas Ähnliches, aber auf rein mechanischer Basis.

Der Vorteil des Vespa-Systems kommt besonders an Steigungen zum Tragen: In Vollgas-Stellung behält die Automatik eine kurze Übersetzung bei und sorgt so für genügend Zugkraft.

Aber nicht nur die ruckfrei arbeitende Automatik und der bewährte Direktantrieb über Zahnräder hinterlassen einen guten Fahreindruck. Der Übergang von Drehschieber- auf Membran-Einlaßsteuerung macht sich in besserem Durchzug aus niedrigen Drehzahlen bemerkbar. Das liegt daran, daß das gesamte, ins Kurbelgehäuse gelangte, Frischgas durch den Kolben vorverdichtet werden kann, weil die Einlaßmembrane durch rasches Schließen das Rückströmen durch den Vergaser verhindert.

Dank dieser Neuerung kann die 80er Vespa im Stadtverkehr gut mithalten. Bis 50 km/h jedenfalls gefühlsmäßig kaum schlechter als die 125er Version mit zweieinhalb PS mehr Maximal-Leistung. Mit einer Spitzengeschwindigkeit von 73 km/h ist die PK 80 S automatic für den Nahverkehr wie maßgeschneidert.

Für größere Ausflüge wäre der 5,8-Liter Kraftstofftank zu knapp bemessen. Denn weil die Automatik den Motor fast ständig unter Vollast hält, ist der Verbrauch mit 4,2 Litern auf 100 km recht hoch. Während das Kraftstoffreservoir für rund 140 km ausreicht, muß der 1,1 Liter fassende Öltank nur alle 1100 km mit Zweitaktöl gefüllt werden.

Zwei Minuspunkte schleppt die PK 80 S als Hypothek aus früheren Tests mit: Die vordere Trommelbremse rubbelt nach wie vor. Leichter fällt da die Gewöhnung an die nicht gekennzeichneten

92

Vespa-Wartung: denkbar einfach

Viele Zweiradfahrer schlagen beim Wort Wartung die Hände über dem Kopf zusammen. Sie denken dann an hochspezialisierte Werkstätten, an teure Ersatzteile und haarsträubende Lohnkosten. Für ein hochgezüchtetes Motorrad mit elektriküberladenen Funktionskontrollen mag das vielleicht zutreffen – nicht so für eine Vespa. Selbst am Motor, dem gebläsegekühlten Einzylinder-Zweitakter mit Drehschiebersteuerung, gibt es nur ein paar Kniffe, die man wissen sollte. Um keine Startschwierigkeiten und einen gleichbleibend guten Verbrauch zu bekommen, sollte die Zündkerze alle 3000 km kontrolliert werden. Ist sie stark verrußt oder zeigt sie gar Ablagerungen von Ölkohle, so sollte sie zuerst mit einer Drahtbürste gereinigt werden, um sie zu begutachten. Dann wird sichtbar, ob die Elektroden nicht etwa schon verschlissen sind.

Am deutlichsten ist ein zu groß gewordener Abbrand der beiden Elektroden am gebogenen Massefinger zu sehen. Falls mehr als ein halber Millimeter weggebrannt ist, muß die Zündkerze unbedingt gegen eine neue mit dem richtigen Wärmewert getauscht werden. Doch auch beim Einbau einer neuen Zündkerze muß zuvor der Elektrodenabstand mit einer Fühlerlehre geprüft und auf 0,4 bis 0,5 Millimeter eingestellt werden. Kerzen aus der Verpackung sind meist auf 0,6 Millimeter vom Werk aus justiert, wie sie in Viertaktmotoren verwendet werden.

Das Nachjustieren des Zündzeitpunkts kann seit einigen Jahren bei allen Vespen ersatzlos entfallen, da die Motoren mit einer kontaktlosen Zündanlage ausgerüstet sind und der Zündzeitpunkt sich daher nicht von selbst verstellen kann. Sollte die Zündanlage dennoch einmal defekt werden, so hilft (wie auch beim Dauertest) nur ein Austausch gegen eine intakte komplette Anlage mit Steckverbindern zum Preis von rund 74 Mark. Komplizierte Meßgeräte sind auch dabei nicht notwendig, da die Platte nur festgeschraubt werden muß, wobei darauf zu achten ist, daß die beiden Markierungen an Gehäuse und Rotorplatte vor dem Festziehen übereinstimmen. Trotzdem sollte der Vespa-Besitzer von Zeit zu Zeit (alle 3000 km ist ausreichend) die Zündanlage auf Übereinstimmung der Markierungen und festen Sitz der Schrauben prüfen, da Vibrationen zum Verstellen der Zündung führen können.

Auch der Getriebeölwechsel ist recht einfach. Vor dem Wechsel (alle 6000 km) sollte der Motor warmgefahren werden, da sonst das kalte und zähe Getriebeöl nicht restlos herausläuft. Um sicher zu gehen, daß auch kleine Reste des Altöls nach dem Öffnen der Ablaßschraube abfließen, ist es von Vorteil, wenn die Vespa nach beiden Seiten geneigt wird.

Hernach müssen nur noch 600 cm^3 Getriebeöl eingefüllt werden – fertig. Noch ein Tip am Rande: Ziehen Sie die Ölablaßschraube mit einem Drehmomentschlüssel an (2,2 mkp oder 23 Nm) und vergessen Sie dabei die Kupferdichtung nicht! Verlust der Ölablaßschraube kann für den Fahrer wie auch für nachfolgende Verkehrsteilnehmer fatale Folgen haben! Da die Trommelbremsen der Vespen bekanntlich sehr anfällig sind, ist es ratsam, sie vorsichtshalber alle 2000 bis 3000 km zu kontrollieren. Es ist am besten, wenn dazu das komplette Rad ausgebaut wird.

Nur so ist eine Sichtprüfung der Beläge (Untergrenze Verschleiß 2,0 Millimeter) möglich, und gleichzeitig kann dabei der Bremsstaub entfernt werden. Dieser Staub ist oft auch für das Rubbeln der Vorderradbremse verantwortlich.

Beim Wiedereinbauen der Räder ist es dann meist notwendig, die Bowdenzüge neu zu justieren und nötigenfalls auch zu schmieren. Ab Baujahr 1982 brauchen die Bowdenzüge kein dünnflüssiges Fahrradöl mehr, da die Hüllen innen teflonbeschichtet sind. Öl würde mehr schaden als nützen, da Öl, Teflon und das Stahlseil irgendwann miteinander verkleben.

Bei der Bowdenzugkontrolle sollte auch darauf geachtet werden, ob das feinkardelige Drahtseil nicht etwa am Handhebel oder starken Krümmungsradien aufgespleißt ist. Schon wenn ein einziges Drähtchen gebrochen ist, sollte der komplette Zug erneuert werden. Vom Do-it-your-self-Verfahren mit dem Einlöten von Nippeln sei abgeraten, da sich eine nicht perfekte Lötstelle beim Bremsen mit einem Schlag lösen kann. Besser ist es, auf Originalteile des Vespa-Händlers zurückzugreifen.

Verantwortungsvolle Fahrer wissen auch, daß der Luftdruck in den Rädern jede Woche, unabhängig von der Kilometerleistung überprüft werden muß. Im Testbetrieb wurden die besten Erfahrungen mit 1,8 bis 2,0 bar vorn, hinten je nach Beladung 2,2 bar solo gemacht, (mit Sozius auf 2,5 bar erhöhen, um hohem Reifenabrieb vorzubeugen).

Bei Rollern mit Viergang-Handschaltung sollten gelegentlich Kupplungs- und Schaltzug neu justiert werden. Bei der Kupplung sollte der Handhebel zwei Millimeter Spiel haben, bevor das Seil angezogen wird. Der zweiteilige Schaltzug

kann ebenfalls über Stellschrauben an den Hüllenenden so nachgestellt werden, daß die Markierung Leerlauf (0-Stellung) exakt mit der lenkerfesten Markierung übereinstimmt. Recht penibel sollte auch der Gaszug eingestellt werden. Der Gasdrehgriff muß ebenfalls ein wenig Leergang haben, bevor die Motordrehzahl angehoben wird. Die Leerlaufdrehzahl (Standgas) wird einzig und allein über die große Linsenschraube eingestellt, die den Gasschieber fixiert. Grundsätzlich sollte jedoch die Kontrolle und Einstellung des Vergasers dem Vespa-Händler überlassen werden.

In Selbsthilfe sollte man zur Vorbeugung von Motorschäden jedoch alle 3000 km den Kraftstoffhahn samt Sieb säubern. Im Kraftstoff befinden sich mikroskopisch feine Dreckrückstände, die speziell bei einem Zweitakter bei zu großer Ansammlung zu gefährlicher Abmagerung des Gemischs führen können. Zudem blättern gerade bei neuen Fahrzeugen in der Anfangszeit häufig kleinste Teilchen im Innern des Kraftstoffbehälters ab, die das Filter zusätzlich verstopfen können.

Auf oberem Foto zeigt sich die Einfachheit der Vespa. Es gibt kaum ein Teil, das schwer zugänglich wäre. – Darunter: Die linke Fahrzeugseite verbirgt weniger Aufregendes. Unter dem Seitendeckel kann ein Ersatzrad verstaut werden. – Links: Unter dem Lüfterrad steckt die wartungsfreie kontaktlose Zündung und die Lichtmaschine

Wippschalter. Vielleicht behalten sich die Vespa-Entwickler die Beseitigung dieser Beanstandungen für den nächsten Änderungsschub vor.

Vespa PK 80 S elestart automatica:
Technische Daten und Meßwerte

Motor*
Gebläsegekühlter Einzylinder-Zweitaktmotor, Getrenntschmierung, Bohrung × Hub 44,5 × 51 mm, Hubraum 78 cm³, Nennleistung 4 kW (5,4 PS) bei 6000/min, stufenloses, hydraulisch geregeltes Automatikgetriebe, E-Starter.

Fahrwerk*
Selbsttragende Stahlblechkarosserie, gezogene Kurzarmschwinge vorn, Triebsatzschwinge hinten.

Abmessungen und Gewichte
Sitzhöhe 780 mm, nutzbare Sitzbanklänge 600 mm, Gewicht voll-getankt 97 kg, davon vorn/hinten 33/64 kg (34/66 Prozent), zulässiges Gesamtgewicht 270 kg, Tankinhalt 5,8 Liter, davon 1,2 Liter Reserve, Öltank 1,1 Liter.

Beschleunigung
0−50 km/h	9,6 s
0−70 km/h	25,9 s

Höchstgeschwindigkeit
zwei Personen
68 km/h bei 5500/min
solo sitzend
73 km/h bei 5760/min
(Temperatur 13 Grad, kein Wind)

Verbrauch: Normalbenzin
Testverbrauch 4,2 Liter/100 km

* Herstellerangaben

96

Links: Ein seltener Anblick, doch er verdeutlicht das System der selbsttragenden Karosserie, der Anordnung des Motors und die Plazierung des Auspuffs. – Rechts: Pech für diesen Vespa-Fahrer – seine Kupplung ist verschlissen.

Links: Spärliches Bordwerkzeug unter der Sitzbank einer Vespa – ein zusätzlicher Satz Schraubenschlüssel kann Ärger und Zeit sparen helfen. – Rechts: Hier ein Blick unter die linke Haube: Zwischen Ersatzrad und Rahmen ist bei den Elektrostarter-Modellen die Batterie untergebracht

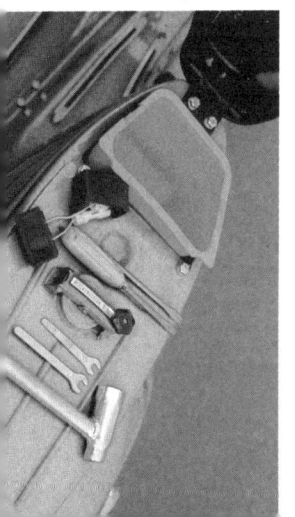

TEST VESPA PK 80 S: FAMILIENZUWACHS

Auch diese Vespa sieht wie ein klassischer Motorroller aus. Sie heißt PK 80 S und bietet eine umfangreiche Ausstattung. Es stimmt nicht, daß Vespa seit ewigen Zeiten immer dasselbe Rollermodell herstellt. Vielmehr entstehen die italienischen Roller in einer wesentlich turbulenteren Modellpolitik, als das immer gleichbleibende Erscheinungsbild vermuten läßt. Giovanni Squazzini, Vizepräsident von Piaggio in Italien, bestätigt das: »Wir machen seit 40 Jahren Motorroller und haben seither 19 000 Änderungen vorgenommen.«

Die neue Strategie: Viel Feind viel Ehr . . . Seit die japanische Konkurrenz mit Macht auf den Rollermarkt drängt, ändern die Piaggio-Techniker noch ein wenig schneller. Die Vespa PK 80 S ist etwas kantiger gezeichnet als das rundliche Schwestermodell mit der Typbezeichnung P 80 X. Außerdem ist das PK-Modell schlanker, kürzer und zierlicher geworden. Dazu hat die PK-Modellreihe jetzt ihren eigenen maßgeschneiderten Anzug bekommen, während die älteren Achtziger in der etwas zu schweren Karosserie der 125er Roller daherkamen.

So schrumpfte der Radstand um 65 mm auf 1175 mm, das Gewicht sank von 104 auf 93 kg. Weil der relativ schwere, 6,8 PS starke Motor aus dem Rollermodell P 80 X nicht mehr so recht zum kleineren Modell passen wollte, kam gleich ein ganz anderes Triebwerk her: Der Zweitaktmotor der 50 N wurde heftig modifiziert und leistet jetzt 4 kW (5 PS), also knapp zwei PS weniger als der bisherige 80er Motor. So ganz nebenbei fiel für den neuen PK-Motor eine merkwürdige Charakteristik mit ab: Mit einem Hub/Bohrung-Verhältnis von 51 zu 44,5 Millimetern ist der neue Motor ein Langhuber geworden. Seine höchste Leistung gibt er bei 6000/min ab und bringt das, was beim Motorroller gefragt ist: Durchzug und Drehmoment.

Obwohl der Motor stets auf den ersten Tritt seine Arbeit aufnimmt, ist der PK 80-Roller mit einem Elektrostarter lieferbar. Sozusagen als Kaufanreiz für Tretfaule. So luxuriös ein Elektrostarter an einem zierlichen Roller auch erscheint, sorgte das einfachste Teil der Startanlage gelegentlich für Ärger: Der Startknopf am rechten Lenkerende blieb manchmal stecken, so daß der Starter beständig versuchte, in die laufende Getriebewelle einzuspuren. Dieser Vorgang wird nur durch ein leises Wimmern hörbar, und nur aufmerksame Piloten können verhindern, daß der Anlasserfreilauf zerstört wird.

Am linken Lenkerende befindet sich der zweite Schalter, der das PK-Modell als Luxusversion kennzeichnet: der Blinkerschalter. Leider sitzt dieser auf dem Drehgriff für die Viergangschaltung, so daß sich der Fahrer erst an eine neue Eigenart gewöhnen muß: Im ersten Gang ist der Schalter an einer anderen Stelle als im vierten, was sehr viel Gewöhnung erfordert.

Dafür hat die Vespa mehr Schlösser als Gänge: Stolze fünf Verriegelungsmöglichkeiten gibt es an dem kleinen Roller; das ist mehr als bei manchen Autos. Das praktische Zünd-Lenkschloß an der Lenksäule, ein Helmhalter vor dem Sitz, das Handschuhfach, die klappbare Sitzbank und die beiden Seitendeckel sind einzeln abschließbar. Zum Glück gibt es nur zwei verschiedene Schlüssel. Zudem bietet der PK-Roller gleich zwei separate Ablagemöglichkeiten: Unter dem Sitz steckt ein Werkzeugfach, das Handschuhfach am vorderen Beinschild schluckt auch sperrige Gegenstände wie Bücher und Zeitungen.

Trotz seiner zierlichen Abmessungen sitzen auch großgewachsene Personen bequem auf dem Roller; die Sitzbank ist nur etwas zu schmal und für zwei Personen ziemlich kurz.

Die fünf PS sorgen in Verbindung mit dem nur 93 kg schweren Roller für verblüffend flinke Fahrleistungen. Jedoch beschleunigt der PK 80 nicht ganz so zügig wie das 1,8 PS stärkere P 80 X-Modell.

Freilich nur, bis etwa Tempo 60 erreicht ist. Dann ist der dritte Gang ausgedreht, und im vierten geht es nur noch gemächlich weiter. Mit aufrecht sitzendem Fahrer erreicht die Vespa zwar eine Höchstgeschwindigkeit von 81 km/h, sie braucht aber doch einigen Anlauf und Windstille, bis sie so schnell ist.

Dafür ist der aufgeblasene 50er Motor sehr sparsam: 2,7 Liter pro 100 km auf Landstraßen oder knapp vier Liter im hektischen Stadtverkehr strapazieren den Geldbeutel der Besitzer recht wenig. Außerdem wird so die Reichweite von 150 bis 200 km ausreichend groß.

Schon rund acht Millionen Vespa-Roller sind gebaut worden, und alle hatten sie einen Schaltdrehgriff. Aber wer zum erstenmal auf einer Vespa sitzt, muß sich immer noch ein wenig eingewöhnen: Kupplung ziehen und dann mit einer Drehbewegung die Gänge einrasten. Das funktioniert ganz manierlich, solange die beiden eineinhalb Meter langen Bowdenzüge zwischen Schaltgriff und Getriebe exakt justiert sind.

Rekord: Acht Millionen Vespas wurden seit dem 2. Weltkrieg produziert

In gut gewartetem Zustand ist der Umgang mit dem kleinen Vespa-Roller völlig unproblematisch. Genau wie alle anderen Roller läuft er nicht so sauber geradeaus wie ein Motorrad, sondern legt seine Laufstrecke immer in leichten Schlangenlinien zurück. Aber das kommt von der schwachen Stabilisierungswirkung der kleinen Rollerräder und ist nicht mehr als gewöhnungsbedürftig. Störend dagegen ist der billig wirkende Rückspiegel, der die Sicht nach hinten nur in sehr geringem Maß gestattet sowie die Bedienungshebel am Lenker, die wieder einmal geändert wurden, aber in der Form noch nicht überzeugen können. Es sind Detailmängel, die den Umgang mit dem sauber verarbeiteten Roller etwas belasten. Trotzdem ist auch das kleinere Modell eine echte Vespa: unproblematisch, sparsam und wendig.

Vespa PK 80 S: Technische Daten und Meßwerte

Motor*
Luftgekühlter Einzylinder-Zweitaktmotor, Drehschieber, Bohrung × Hub 44,5 × 51 mm, Hubraum 79,53 cm³, Verdichtung 8,6, Nennleistung 4 kW (5 PS) bei 6000/min, max. Drehmoment 6,4 Nm (0,63 mkp) bei 5500/min, ein Dellorto-Vergaser, ⌀ 19 mm, kontaktlose Transistorzündung, Wechselstromgenerator 80 W, Batterie 12 V/7 Ah, Mehrscheiben-Ölbadkupplung, Ziehkeil-Vierganggetriebe, E-/Kickstarter, Gangstufen 5,800/3,857/2,778/2,091, Sekundärantrieb über Zahnräder.

Fahrwerk*
Selbsttragender Blechrahmen, geschleppte Kurzarmschwinge vorn, Radstand 1175 mm, Trommelbremse vorn, ⌀ 165 mm, hinten, ⌀ 165 mm, Betätigung vorn/hinten Seilzug/Gestänge, Bereifung vorn/hinten 3,00/10 reinforced,

Abmessungen und Gewichte
Länge 1680 mm, Sitzhöhe 790 mm, nutzbare Sitzbanklänge 61 mm, zweiteiliger Stahlrohrlenker, 660 mm breit, Wendekreis 3680 mm, Gewicht vollgetankt 93 kg, davon vorn/hinten 30/63 kg, zuläss. Gesamtgewicht 270 kg, Tankinhalt 5,8 Liter, davon 1,2 Liter Reserve.

Beschleunigung

0–30 km/h	4,1 s
0–40 km/h	5,9 s
0–50 km/h	8,6 s
0–60 km/h	12,6 s
0–70 km/h	23,6 s
0–400 m	26,8 s

Durchzugsvermögen
im dritten Gang

30–40 km/h	3,5 s
40–50 km/h	3,0 s
50– 60 km/h	4,5 s

Höchstgeschwindigkeit

2 Pers.	77 km/h bei 5910/min
solo	81 km/h bei 6220/min

(Temperatur 12 Grad, 0,8 m/s Rückenwind)

Tachometerabweichung
Anzeige/effektiv
50/49, 80/81 km/h

Verbrauch: Mischung 50:1
Testverbrauch 3,5 Liter/100 km

* Herstellerangaben

Der Honda Lead 125 ist ein moderner japanischer Motorroller mit allerlei technischen Finessen

6.3 TEST HONDA LEAD 125: SING EIN LEAD

Für Aufsteiger aus der 80er Klasse oder Absteiger vom Auto ist der Honda Lead 125 gedacht. Günstige Versicherung in der Zehn-PS-Klasse und simple Technik machen den Roller attraktiv.

Es soll ja Leute geben, die schon alles haben. Die vor lauter Porsche, Fiat, Kawasaki, Rennrad oder was auch immer in der Garage gar nicht wissen, womit sie heute fahren sollen. Diesen Leuten kann jetzt geholfen werden: vom örtlichen Honda-Händler mit einem Fahrzeug, genannt Lead 125.

Der stärkere Lead, praktisch eine vergrößerte und besser ausgestattete Version des Lead NH 80, füllt in so einem Fall bestimmt die letzte Lücke im Fuhrpark.

Es soll aber auch, so heißt es jedenfalls, Leute geben, die noch gar nichts zum Fahren haben. Denen ein Auto zu teuer, ein Motorrad zu umständlich und die öffentlichen Verkehrsmittel zu langsam sind. Die nicht allzugroße Strecken zurücklegen, die bei jedem Wetter unterwegs sind und sich nicht groß um Technik und ihre Launen kümmern können oder wollen. Auch diesen Leuten kann geholfen werden.

Erraten.
Mit dem Lead

Im Grunde seines Zweitakt-Herzens ist dieser Roller ja ein 80er. Aber er ist eben durch sein Hubraum-Plus um genau jenen Betag kräftiger, der 80er-Rollern einfach fehlt, um flott und sicher nicht nur im Straßenverkehr, sondern auch auf Ausfallstraßen über Land mitzuhalten. In der Ebene läuft er immerhin 88 km/h.

Der Antriebskomfort entspricht weitgehend anderen Japan-Rollern: Vollautomatische Kraftübertragung über Keilriemen, Startautomatik, Getrenntschmierung, leisen, vibrationsfreien Motorlauf darf man schon verlangen. Ärgerlich sind allenfalls die erstaunlichen Fähigkeiten des Einzylinders, kostbares Mineralöl durch den kleinen Vergaser zu schleusen. Mit über vier Litern Normalbenzin auf 100 Kilometern und einem runden Liter Öl auf 1000 Kilometern braucht der 125er Lead eindeutig zu viel. Wem es nicht so sehr auf die Kosten ankommt, den stört wahrscheinlich das im Vergleich dazu recht bescheidene Tankvolumen von sieben Litern.

Eine gewisse Schuld am Durst des Lead müssen freilich meist die Fahrer auf sich nehmen, da das spritzige Triebwerk dazu verleitet, den Gasgriff so oft und so weit wie möglich nach hinten zu drehen. Nur beim Anfahren nutzt auch das wenig. Denn die Fliehkraftkupplung greift, wie am überflüssigen Drehzahlmesser zu sehen ist, schon bei etwa 3500 Umdrehungen pro Minute. Doch erst jenseits von 4000/min. steht das Temperament an, das dann bis kurz vor Höchstgeschwindigkeit erhalten bleibt, weil die Keilriemenautomatik den Motor immer im günstigsten Drehzahlbereich hält. Sportliche Lead-Piloten können in der Startphase einen Tretroller daraus machen. Keine Art von Fußunterstützung benötigen glücklicherweise die Bremsen. Denn mit den beiden Handhebeln läßt sich in jedem Notfall mindestens so viel Verzögerungsleistung abrufen, wie die kleinen Reifen aufzubringen vermögen. Nur wenn sich ein Duo vom Lead leiten läßt, sind die kleinen Trommeln schnell überhitzt und lassen in der Leistung etwas nach.

Ohnehin scheint der Betrieb mit zwei Personen wenig attraktiv. Denn einigermaßen großgewachsene Fahrer rutschen dann auf der normalerweise ausreichend bequemen, breiten Bank zu weit nach vorn und stoßen mit den Knien am Spritzschutz aus Kunststoff an. Dem Passagier wird es auch verweigert, seine Füße auf ein schützendes Trittbrett zu stellen: es gibt separate Fußrasten hinten. Vor allem aber die Federelemente sind bei Belastungen, die das Gewicht einer durchschnittlichen japanischen Hausfrau merklich übersteigen, hoffnungslos überfordert.

102

Solisten, auf nicht zu langen Fahrten, werden ihre Freude an diesem harmonischen Lead haben. Es sei denn, sie gehören zu einer ganz besonderen Spezies; zu jenen Leuten nämlich, die keine Roller mögen. Denen ist eben nicht zu helfen.

Honda Lead 125: Technische Daten und Meßwerte

Motor*

Luftgekühlter Einzylinder-Zweitaktmotor, Getrenntschmierung, schlitzgesteuert, Bohrung × Hub 55 × 52,4 mm, Hubraum 124 cm^3, Verdichtung 6,7, Nennleistung 7,0 kW (9,5 PS) bei 7000/min, max. Drehmoment 12 Nm (1,2 mkp) bei 4500/min, ein Keihin-Vergaser, ∅ 18 mm, kontaktlose Zündung, Lichtmaschinenleistung 102 W, Batterie 12 V/S Ah, automatische Fliehkraftkupplung, automatisches, stufenloses Keilriemengetriebe, E-Starter und Kickstarter, Sekundärantrieb über Zahnräder.

Fahrwerk*

Preßstahlrahmen, Schubschwinge vorn, Federweg 81 mm, zwei Federbeine hinten, Federweg 78 mm, Einachsschwinge, Radstand 1205 mm, Lenkkopfwinkel 63 Grad, Nachlauf 73 mm, Trommelbremse vorn/hinten, ∅ 110 mm, Betätigung vorn/hinten Seilzug/Gestänge, Bereifung vorn/hinten 3.50-10

Abmessungen und Gewichte

Länge 1750 mm, Sitzhöhe 755 mm, nutzbare Sitzbanklänge 620 mm, Stahlrohrlenker 630 mm breit, Gewicht vollgetankt 93 kg, zul. Gesamtgewicht 267 kg, Tankinhalt 7 Liter.

Beschleunigung

0−60 km/h	8,1 s
0−70 km/h	= 9,7 s
0−80 km/h	14,8 s
0− 400 m	22,8 s

Durchzugsvermögen

stufenlos

30−60 km/h	5,1 s

Höchstgeschwindigkeit

zwei Personen
87 km/h bei 7900/min
solo sitzend
88 km/h bei 7990/min
(Temperatur 22 Grad, kein Wind)

Tachometerabweichung

Anzeige/effektiv
50/49, 80/78, 89/88 km/h

Verbrauch: Normalbenzin
Testverbrauch 4,1 Liter/100 km

* Herstellerangaben

6.4 TEST VESPA/SQUIRE-GESPANN: ROLL-MOPS

Langeweile auf Deutschlands Straßen? Ein Heilmittel gibt es jetzt in extra starker Dosis: den Vespa-Roller mit Seitenwagen. Sie wollen keinen Multizylinder mit astronomischer Motorleistung, literweise Hubraum und rekordverdächtiger Höchstgeschwindigkeit? Sie wünschen sich ein Gefährt, das einfach eine Gaudi ist und jeder hochprozentigen Supersportmaschine die Schau stiehlt? Wir wissen nicht, was der alte Soichiro Honda empfehlen würde. Wir empfehlen eine Vespa mit Seitenwagen. Wie wohltuend angesichts immer perfekterer Motorradtechnik: Blech statt Vierzylinder mit 16 Ventilen und vier Nockenwellen, drei kleine Stahlscheibenräder anstelle von goldeloxierten Com-Star-Rädern. Und es bewegt sich auch. Johannes Perscheid, traditionsreicher Motorradhändler aus Wesseling bei Köln ist es, der diese Form alternativen Fahrens ermöglicht. Die zehn PS starke Vespa PX 200 E und der englische Squire-Seitenwagen PV 1 bilden die Basis für die ausgefallenen Gespanne des Rheinländers. Mit einem stabilen Einpunktanschluß sind die beiden Bauteile aneinandergeflanscht: Über ein armdickes Rohr, das am Bodenblech der Vespa-Karosserie verschraubt ist: Dort, wo normalerweise der Hauptständer sitzt.

Modifiziert wird die Vespa für die Gespanntauglichkeit kaum. Lediglich die Feder der vorderen Schwinge wird gegen eine stärkere getauscht.

Das Squire-Boot ist auf Leichtbau ausgelegt. Es besteht aus glasfaserverstärktem Kunststoff und ist auf einem Rohrrahmen montiert.

Rollergespanne sind nichts Neues. In den fünfziger Jahren, als das Benzin noch fünfzig Pfennig pro Liter kostete, galten sie als todchic. Fast so chic wie ein Auto, für das das Geld noch nicht ganz reichte. Doch sie verschwanden so schnell wie sie gekommen waren.

Auffallen um jeden Preis Heute, zur Zeit des grenzenlosen Perfektionismus, damit wieder herumzufahren – verrückter, ja unvernünftiger kann man kaum über unsere Straßen rollen. Doch was ist vernünftig? Vernünftig ist es, abends um neun schlafen zu gehen, um morgens auch wirklich ausgeschlafen zu sein. Es ist vernünftig, im Winter stets lange Unterhosen zu tragen. Wer sich dieser Philosophie verschrieben hat, der sollte die Finger von einem Gefährt wie dem Vespa-Gespann lassen.

Ist der italienische Roller für sich allein noch ein vernünftiges

104

Oben: Zwei schöne Vespa-Gespanne mit dem englischen Squire-boot. – Unten links: Auffallen um jeden Preis: Er fuhr mit seinem Gespann von Hamburg nach Verona – in knapp zwei Tagen. – Rechts: Dieser Gespann-Besitzer aus Krefeld hat sogar eine Stereo-Anlage an Bord.

Fortbewegungsmittel, so erhält er mit angeschraubtem Seitenwagen eine gänzlich andere Note.

Dem Ängstlichen werden den ersten Kilometern die Knie schlot-
tern, Sympathisanten alternativer Fortbewegungsmittel werden
wohlgefällig von einem Ohr zum anderen grinsen. Denn so eigenwillig, wie diese dreirädrige Konstruktion aussieht, benimmt
sie sich auch. Ein Roller ist kein Meister des Geradeauslaufs.
Wer die Vespa samt Beiboot auf Kurs halten will, hat beide Hände voll zu tun.

Vor allem, wenn ein Sozius im Wagen sitzt, zeigt das ausgefalle-
ne Gespann sehr starke Lastwechselreaktionen. Reaktionen,
die auch Gespann-Erfahrenen harte Lektionen erteilen. Beim
scharfen Bremsen will die Fuhre entschieden nach links in Richtung Gegenverkehr. Der ungebremste Seitenwagen drückt das
Gefährt mit Vehemenz zur Seite. Das ist übrigens auch bei allen
Gespannen mit Motorrädern als Zugpferd so. Die Vespa kann
nämlich mit ihrem winzigen Radstand von 1235 Millimetern und
den zehn Zoll kleinen Rädern nur wenig stabilisierende Kräfte
dagegensetzen. Beim Anfahren spielt sich dasselbe ab. Nur in
entgegengesetzter Richtung. In Kurven benimmt sich das Dreirad stark untersteuernd, es schiebt über das Vorderrad weg.
Denn das kleine Rad mit der Originalbereifung kann nur wenig
Seitenführungskräfte aufbauen. Bei unbesetztem Seitenwagen
ist Vorsicht in Rechtskurven geboten, weil das mit 52 kg sehr
leichte Boot relativ schnell vom Boden abhebt. Doch keine
Angst, mit ein wenig Übung ist dieses Eigenleben des skurrilen
Fahrzeugs schnell in den Griff zu bekommen. Nach noch mehr
Übung hat sich der Fahrer daran gewöhnt, im letzten Stadium
wertet er es als liebenswerte Charaktereigenschaft.

Hohe Geschwindigkeiten sind mit dem Vespa-Gespann sowieso
nicht möglich. Die zehn PS reichen für knappe 90 km/h. Das Gewicht von insgesamt 166 kg und der hohe Luftwiderstand bremsen den Vorwärtsdrang. Doch lahm ist die dreirädrige Vespa
ganz sicher nicht. Der 200er Motor zieht dank hohem Drehmoment zügig von der Ampel weg. Die Beschleunigung des Ge-
spanns ist trotz unveränderter Gesamtübersetzung nicht von
schlechten Eltern.

**In der Stadt
ist der Fahrer
König**
In der Stadt ist der Fahrer dieses Alternativ-Fahrzeugs König.
Das Dreirad ist wendig und gerade knapp über zwei Meter lang.
Damit kann es auch bequem quer am Straßenrand parken. Wen-
demanöver sind praktisch auf der Stelle möglich.

Bei längeren Überlandfahrten sind allerdings häufige Pausen

106

Ein Lambretta-Gespann beim Stadtbummel in Italien

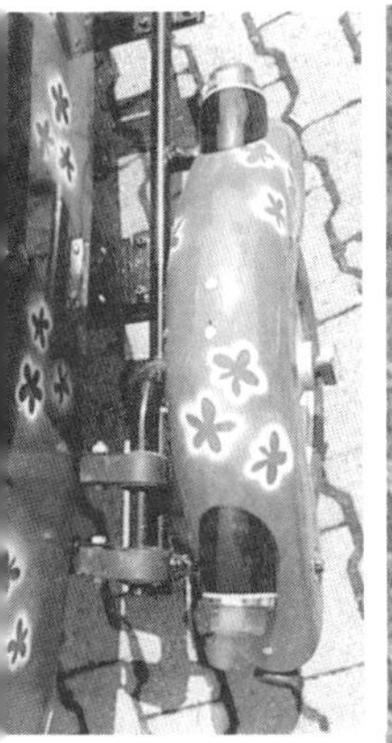

Ein Bajaj-Chetak als Zugpferd mit Eigenbau-Beiwagen. – Links (klein): Das dritte Rad am Motorroller. Die Federung des Seitenwagens übernehmen Gummielemente

angesagt. Sechseinhalb Liter verbraucht der kleine Zweitakter im Gespannbetrieb auf 100 km. Und der Tank faßt nur acht Liter. Mehr als zwei Personen dürfen auch bei angebautem Seitenwagen nicht befördert werden. So will es der TÜV, da sonst das zulässige Gesamtgewicht überschritten wird. Der Sozius im Beiboot kann sich über eine gute Ausstattung freuen. Die Sitzposition ist sehr bequem, der Innenraum mit Teppich ausgekleidet, die serienmäßige Frontscheibe bietet Wind- und Wetterschutz. Hinter dem Sitz befindet sich ein akzeptabler Stauraum. Der Fahrkomfort ist trotz vorsintflutlicher Gummifederung relativ hoch. Liebhabern technischer Extravaganzen scheinen kaum Grenzen gesetzt: Perscheid offeriert eine Scheibenbremse vorn und einen Lenkungsdämpfer. Gegen Aufpreis versteht sich.

Vespa PX 200 E/Squire PV 1: Techn. Daten und Meßwerte

Motor*
Luftgekühlter Einzylinder-Zweitaktmotor, Getrenntschmierung, Einlaßsteuerung über Kurbelwellenwange, Bohrung × Hub 66,5 × 57 mm, Hubraum 198 cm^3, Verdichtung 10,5, Nennleistung 7,4 kW (10 PS) bei 5000/min, maximales Drehmoment 17 Nm (1,7 mkp) bei 3800/min, ein Dellorto-Vergaser, $\varnothing$ 24 mm, kontaktlose Zündung, Lichtmaschinenleistung 80 Watt, Batterie 12 Volt/5,5 Ah, Vierganggetriebe, Kickstarter, Direktantrieb.

Fahrwerk*
Selbsttragende Karosserie mit Squire-Seitenwagen, gezogene Kurzarmschwinge vorn, zentrales Federbein hinten, Triebsatzschwinge, Radstand 1240 mm, Spurbreite 950 mm, Scheibenbremse vorn, $\varnothing$ 180 mm, Trommelbremse hinten, Betätigung vorn Seilzug, Betätigung hinten hydraulisch/Gestänge, Bereifung vorn/hinten und seitlich 3.50−10.

Abmessungen und Gewichte
Länge 2020 mm, Breite 1420 mm, Sitzhöhe 790 mm, nutzbare Sitzbanklänge 700 mm, Stahlrohrlenker, 680 mm breit, Wendekreis 3900 mm, Gewicht vollgetankt 169 kg, davon vorn/hinten/seitlich 49/80/40 kg (29/47,3/23,7 Prozent), Tankinhalt 8 Liter, davon 2,1 Liter Reserve.

Höchstgeschwindigkeit
2 Personen/sitzend   75/85 km/h

Verbrauch Normalbenzin
Mischung 1:50
Testverbrauch 6,5 Liter/100 km

Preis
komplett mit Seitenwagen
ca. 6950 Mark,
nur Squire-Seitenwagen
ca. 3090 Mark

Vertrieb
Firma Perscheid,
Keldenicher Straße 27,
5047 Wesseling

* Herstellerangaben

Die Vespa PK 125 S elestart ist ein äußerst wendiger Motorroller mit hohem Gebrauchswert und geringen Unterhaltskosten

6.5 TEST VESPA PK 125 S AUTOMATIK: SEELENTRÖSTER

Als der italienische Piaggio-Konzern 1945 den Flugzeuginge-
nieur Corradiono d'Ascanio damit beauftragte, ein einspuriges
Fahrzeug mit winzigen Acht-Zoll-Rädern und einer voluminösen
Karosse zu entwickeln, ahnte wohl niemand, welch ein Erfolg
dieser revolutionären Konstruktion in den nächsten vier Jahr-
zehnten beschieden sein würde. Acht Millionen Vespa-Käufer
können schließlich nicht irren. Während der knapp 40 Jahre
Bauzeit blieben die Vespen aus Pontedera bei Pisa im großen
und ganzen − bis auf Modellpflege und sanfte Retuschen am
Blechkleid − doch ziemlich unverändert. Erst mit dem Modell PK 125 S Automatik, bei dem die gewöhnungsbedürftige
Viergang-Drehgriffschaltung zugunsten eines stufenlosen automatischen Getriebes entfällt, bietet Piaggio eine wirklich entscheidende Neuerung an.
Das hydraulisch gesteuerte Kegelscheibengetriebe arbeitet völlig ruckfrei und stellt eine technisch aufwendigere Lösung dar,
als sie die drei japanischen Firmen Honda, Yamaha und Suzuki
anbieten, die in ihre Roller nur eine einfache mechanische Keilriemenautomatik einbauen. Auf deren Vorpreschen im Rollerbau
reagierte Piaggion spät, aber gekonnt. Mit der Automatik, die der
im Fiat Uno ähnelt, hat Vespa einen entscheidenden Schritt nach

vorn getan. Zumal als weitere Neuerung für den deutschen Markt die Vespa PK 125 S Automatik jetzt auch mit Getrenntschmierung läuft, was die mühselige Ölpanscherei bei jedem Tankstop der Vergangenheit angehören läßt. Die Füllmenge des separaten Öltanks beträgt 1,1 Liter, was bei einer Tankfüllungs-Reichweite von gut 1000 km und etwa 4,6 Liter Kraftstoffverbrauch auf 100 km ungefähr einem Mischungsverhältnis von 1:50 entspricht.

Überzeugende Bedienung und narrensichere Funktion Wenn ein automatisches Getriebe gerade für die Rollerfahrerinnen und -fahrer offensichtlich dem Trend der Zeit nach immer narrensicherer Funktion dieser Spezies Fahrzeug entspricht, dann kann die praktische Lösung bei der neuen 125er Vespa überzeugen. Zum Anfahren muß zunächst am Drehgriff auf der linken Seite des Lenkers von der Nullstellung auf die Eins eingerastet werden. In dieser Stufe braucht der Fahrer dann nur mehr oder weniger vehement am Gasdrehgriff – rechts am Lenker – zu drehen. Dann setzt sich das nur 95 kg schwere, sehr zierliche Fahrzeug überraschend eilig in Bewegung.

Die Beschleunigung beim Stop und Go an den Ampeln reicht immer, um einigermaßen lässig im Verkehr mitzuschwimmen zu können. Die Vespa PK 125 S Automatik ist als ein typisches Fahrzeug für die City, bei dem gerade die völlig unkomplizierte Funktion der Automatik dazu beiträgt, auch Anfängern die doch recht kompliziert gewordene Fortbewegung in der Rush-hour wesentlich zu erleichtern.

Das Kegelscheibengetriebe arbeitet immer kraftschlüssig. Wenn der Fahrer zum Beispiel am Berg eine kürzere Übersetzung als beim sanften Aufziehen des Gasdrehgriff erreichen will, gibt er einfach Vollgas. Dann wird die Übersetzung kürzer und produziert damit über Steuernocken und Hydraulikkolben höhere Drehzahlen und damit bessere Beschleunigung.

Narrensicher auch die Stufen Null und Eins. Denn mit der Leerlaufstellung ist es, anders als bei den japanischen Rollergetrieben, möglich, die Vespa anzuschieben und dann schnell mit dem Drehgriff auf die erste Stufe zu schalten. So kann der Motor auch ohne Kickstarter zum Leben erweckt werden. Und solange der frischgetaufte Rollerfahrer den richtigen Schwung beim Antreten mit dem Kickstarter noch nicht im Bein hat, kann das durchaus mal erwünscht sein. Grundsätzlich sollte beim Abstellen der Vespa der Kraftstoffhahn immer geschlossen und auch bei warmem Wetter der kalte Motor immer mit Choke angekickt werden. Durch den Wegfall eines Kupplungshebels konnte an dessen

110

Selbst mit
zwei Personen
schafft sie (fast)
jeden Berg

Stelle der Hebel für die hintere Trommelbremse montiert werden. Dadurch entfiel der Fußbremshebel im Durchstieg auf der Bodenplatte, was eine wesentliche Erleichterung beim Transport größerer Gepäckstücke auf eben diesem Bodenblech bedeutet.

Apropos Bremsen: Vorn rubbelt es auch weiterhin in bekannter Vespa-Manier, ein Mangel, den die Italiener immer noch nicht voll in den Griff bekommen haben. Die rückwärtige Bremse arbeitet dagegen sehr sanft, völlig ruckfrei und außerdem effektiver als in einem Motorradfahrwerk. Denn das Gewicht des jetzt membrangesteuerten Zweitaktmotors lastet direkt auf dem Hinterrad, das so sehr viel besser haftet.

Weniger erfreulich allerdings ist die fehlende Kennzeichnung für Lichtschalter und Blinker. Auch der Rückspiegel kann, vibrierend, keine Augenweide sein. Für einen Roller allerdings hat die Vespa ein recht brauchbares Licht.

Hoher Verbrauch durch die Automatik

Da mit der Automatik sehr häufig Vollgas gefahren wird, kommt ein durchschnittlicher Kraftstoffverbrauch von strammen 4,6 Litern auf 100 Kilometer heraus. Weil aber der Tank unter der Sitzbank nur 5,8 Liter faßt, gerät die Reichweite mit gerade 125 Kilometern etwas mickrig. Der größere Tank der PX-Reihe könnte da Abhilfe schaffen, paßt aber wohl nicht unter die kleinere PK-Karosserie.

Erstaunlicherweise läuft das sehr wendige und auf die leichteste

111

Lenkerbewegung reagierende Fahrzeug auch zufriedenstellend geradeaus. Allenfalls in den Luftwirbeln eines vorausfahrenden Lkw, dessen Sog am Blechkleid der Vespa rüttelt, wird das Gefährt zu Taumelbewegungen verleitet. Der Automatik-Roller von Piaggio schließt die entstandene Lücke zu den japanischen Automatik-Rollern mühelos. Er bietet ein ausgesprochen schlichtes, geschmackvolles Design und überzeugt durch einfache Bedienung und anspruchslose Wartung.

Vespa PK 125 S Automatik: Technische Daten und Meßwerte

Motor*
Gebläsegekühlter Einzylinder-Zweitaktmotor, Getrenntschmierung, Membrane, Bohrung × Hub 55 × 51 mm, Hubraum 121 cm^3, Verdichtung 10,5, Nennleistung 6 kW (8 PS) bei 6200/min, ein Drosselklappenvergaser, $\varnothing$ 20 mm, kontaktlose Zündung, Schwunglicht-Magnetzünder 80 W, Batterie 12 V/7 Ah, stufenloses, hydraulisch gesteuertes Automatikgetriebe, Kickstarter, Sekundärantrieb direkt über Zahnräder.

Fahrwerk*
Selbsttragende Stahlblech-Karosserie, gezogene Kurzarmschwinge vorn, Triebsatzschwinge hinten, Schraubenfeder mit hydraulischem Stoßdämpfer, Radstand 1175 mm, Trommelbremse vorn/hinten $\varnothing$ 165 mm, Betätigung vorn/hinten Seilzug/Gestänge, Bereifung vorn/hinten 3.00-10.

Abmessungen und Gewichte
Länge 1690 mm, Sitzhöhe 790 mm, nutzbare Sitzbanklänge 600 mm, Stahlrohrlenker 670 mm breit, Wendekreis 3550 mm, Gewicht vollgetankt 95 kg, davon vorn/hinten 32/63 kg (33,7/66,3 Prozent), zulässiges Gesamtgewicht 270 kg, Tankinhalt 5,8 Liter, davon 1,2 Liter Reserve, Öltank 1,1 Liter.

Beschleunigung

0−30 km/h	2,8 s
0−40 km/h	4,1 s
0−50 km/h	6,2 s
0−60 km/h	9,0 s
0−70 km/h	12,7 s
0−80 km/h	20,2 s
0−400 m	23,8 s

Höchstgeschwindigkeit
zwei Personen
75 km/h bei 5760/min
solo sitzend
83 km/h bei 6380/min
solo liegend
91 km/h bei 6990/min
(Temperatur 22 Grad, kein Wind)

Bremsverzögerung
80−0 km/h   31,2 m (7,91 m/s^2)

Tachometerabweichung
Anzeige/effektiv
50/47, 80/75 km/h

Verbrauch: Normalbenzin
Testverbrauch 4,6 Liter/100 km

* Herstellerangaben

6.6 TEST VESPA P 80 X UND HERCULES CV 80: ITALIENISCH-JAPANISCHER VERGLEICH – ODER DIE GESCHMACKSFRAGE

Die Vespa P 80 X verkörpert die klassisch-italienische Linie – und hat natürlich einen dementsprechend großen Erfolg bei den Käufern. Der City CV 80 kommt dagegen von Yamaha aus Japan und hat ganz eigenwillige Formen, er muß sich erst noch gegen die Vespa-Konkurrenz auf dem deutschen Markt durchsetzen. Ein breitgestreutes Hercules-Händlernetz soll ihn zum Renner emporhieven.

Rollerfahren ist ganz anders: Da wird nicht mit Knieschuß und Schräglage um die Ecken gebügelt, sondern mit Fingerspitzengefühl, quasi mit Samthandschuhen, um die Kurve gezirkelt.

Hercules in Nürnberg freut sich auch schon über kleinere Zahlen. Da standen Vespa und Hercules City CV 80 einträchtig nebeneinander und dokumentierten durch Blech- und Kunststoffverkleidung und winzige Räder einmütig die Alternative zum aktuellen Motorrad-Design.

Die Vespa mit ihrer altvertrauten Linie: Zwei dicke Hinterbacken verdecken rechts das Triebwerk samt Getriebe, auf der linken Seite die Batterie und den Platz für das Ersatzrad.

Der Hercules-Roller sieht moderner aus: ganz tiefe Gürtellinie, angenehm niedrig die Sitzposition hinter dem flachen Lenker. Störend nur die unmotiviert abstehenden Blinkergehäuse hinten, dabei wäre im Rücklicht genügend Platz für sie gewesen. Zu schade, daß der TÜV diese Anordnung wie sie auch von Yamaha vorgesehen war, nicht zugelassen hat.

Beim Starten wird das wesentlich jüngere Geburtsjahr des Hercules-Rollers deutlich: Ein Elektrostarter ruft den Zweitaktmotor leise, aber bestimmt ins Leben. Kaltstarthebel gibt es nicht, denn um die Gemischaufbereitung kümmert sich ein automatischer Startvergaser, wie er auch im Automobilbau gebräuchlich ist. Der Motor nimmt sofort und willig Gas an, und wenn der Fahrer zum Anlassen etwa zu viel Gas gegeben haben sollte, so wird er von dem spontan startenden Roller davongezogen. Ein Griff zur Bremse beendet den Frühstartversuch sofort. Den Kupplungsvorgang beim Anfahren übernimmt beim Hercules CITY CV 80 eine Fliehkraftkupplung, wie von Mofatriebwerken her bekannt. Die Kupplung greift bemerkenswert sanft und setzt den kleinen Roller zügig in Bewegung. Von jetzt an hat der Fahrer außer Bremsen, Gasgeben und Verkehrsbeobachtung nicht mehr viel

Technik wie bei einem Automobil

zu tun, denn auch Gangwechsel werden dank dem automatischen und stufenlosen, fliehkraftgesteuerten Keilriemengetriebe überflüssig.

Bis der Vespa-Fahrer soweit ist, daß sein Fahrzeug rollt, muß er etwas mehr Arbeit erledigen: Der Kickstarter liegt rechts, bringt aber den kleinen Drehschiebermotor stets beim ersten Tritt zum Laufen. Schon bei den ersten Bewegungen am Gasgriff macht sich die relativ große Schwungmasse des Vespa-Motors bemerkbar: Er dreht nur langsam hoch und blubbert auch erst geraume Zeit nach dem Schließen des Gasgriffs wieder mit Leerlaufdrehzahl vor sich hin. Das verheißt problemloses Anfahren, denn solche Motoren lassen sich nicht so leicht abwürgen wie nervöse Hochleistungs-Zweitakter.

Vor die ersten Meter Fahrstrecke haben die Götter in der Piaggio-Entwicklung die Betätigung des Schaltdrehgriffs am linken Lenkerende gesetzt: Kupplung ziehen (dazu sind wegen der ungünstigen Hebelform sehr lange Finger nötig), Schaltgriff drehen, bis der erste Gang deutlich hörbar einrastet, Kupplung schleifen lassen und los geht's.

Die Vehemenz der ersten Fahrmeter hängt stark davon ab, wie sorgfältig der Fahrer mit der Kupplung umgehen kann: Bei zuviel Gas hebt der Motor die Fahrzeugnase in die Höhe, ein zünftiges Wheelie ist die Folge – nicht jedermanns Sache.

Auch beim Weiterfahren darf der Vespa-Fahrer nicht ganz so unbeteiligt bleiben wie der automatikverwöhnte Hercules-Pilot. Nach Erreichen der Höchstdrehzahl, die sich mit erlahmender Beschleunigung ankündigt, geht das Spiel am Drehgriff von neuem los: Kupplung ziehen, Griff drehen, Kupplung wieder loslassen, Gas auf. Dabei ist es zumindest auf den ersten Metern unerläßlich, den Drehgriff beim Schalten scharf im Auge zu behalten, um die Kupplung jeweils an der richtigen Stelle wieder loszulassen, sonst ist der falsche Gang drin.

Das klingt gefährlicher, als es sich in natura erlebt: Nach kurzer Zeit der Eingewöhnung hat der Vespa-Fahrer ein sicheres Gefühl für die Anfahrdrehzahl und die Gangschaltung. Aber Gewöhnung ist eben nötig. Weit mehr als auf dem narrensicher funktionierenden Hercules-Roller.

An den Steigungen scheiden sich die Geister Dafür kann die Vespa ihre Trümpfe ausspielen, wenn es darum geht, Steigungen zu erklimmen: Das Drehmoment von fast 8 Newtonmeter läßt fast den Eindruck einer bulligen Charakteristik entstehen, so zügig zieht die Vespa Steigungen hinauf. Auch beim Beschleunigen läuft die Vespa der Hercules davon, wenn

der Fahrer mit dem hakenden Drehgriff umzugehen weiß. Allerdings erfordert es einige Übung, bis er die friedlich davonschnur-
rende Hercules deutlich hinter sich lassen kann.
Solches fällt auf freier Strecke viel leichter: Die Vespa läuft mit
aufrecht sitzendem Fahrer genau 75 km/h, das sind 6 km/h mehr
als der Hercules-Roller. Auch an Steigungen fällt das Tempo des
japanisch-deutschen Kooperations-Produkts etwas schneller ab
als bei dem italienischen Klassiker. Der Hercules-Roller ver-
wöhnt den Fahrer mit moderner, gut funktionierender und problemloser Technik. Die Vespa bietet robuste Zuverlässigkeit und
bessere Fahrleistung, erfordert aber gründlichere Eingewöhnung, bis die geringfügige Mehrleistung auch in zügige Fortbewegung umgesetzt werden kann.

Roller-Vergleich: Technische Daten

Typ			Hercules CV 80	Vespa PX 80 E
Motor			Einzylinder-Zweitakt	Einzylinder-Zweitakt
Steuerung			Schlitz	Drehschieber
Kühlung			Gebläse	Gebläse
Bohrung × Hub		mm	49 × 42	46 × 48
Hubraum		cm³	79	79
Verdichtung			7,0	9,5
Nennleistung		kW (PS)	3,5 (4,8)	5 (6,8)
bei Drehzahl		1/min	6000	6000
max. Drehmoment		Nm (mkp)	6,5 (0,66)	7,9 (0,8 mkp)
bei Drehzahl		1/min	4500	4300
Schmierung			getrennt	Mischung 1:50
Zündung			kontaktlos	kontaktlos
Generator, Leistung		W	48	80
Batteriekapazität		V/Ah	6/11	12/5,5
Vergaser		⌀ mm	ein Mikuni, 14	ein Dellorto, 20
Kraftübertragung			automatische Fliehkraftkupplung	Mehrscheiben ölbadkupplung
Getriebe			stufenloses Keilriemengetriebe	handgeschaltetes Vierganggetriebe
Primär-/Sekundärübersetzung			2,888/3,357	3,4
Gangstufen			von 0,75 bis 1,95	5,9/3,93/2,63/2,04
Rahmenart			Einrohrrahmen mit zwei Unterzügen	selbsttragende Karosserie
Federweg vorn/hinten		mm	55/55	keine Angabe
Radstand		mm	1200	1240
Lenkkopfwinkel		Grad	62,5	keine Angabe
Nachlauf		mm	64	keine Angabe
Bereifung vorn/hinten			3,50 × 10	3.50 × 10
Bremse vorn/hinten		⌀ mm	Trommel, 110	Trommel, 150
Betätigung vorn/hinten			Seilzug	Seilzug/Gestänge
Fahrzeuglänge		mm	1750	1765
Sitzhöhe		mm	760	810
Lenkerbreite		mm	620	700
Gewicht vollgetankt		kg	89	104
Zul. Gesamtgewicht		kg	265	290
Hersteller/Importeur			Nürnberger Herculeswerke GmbH Nopitschstraße 70, 8500 Nürnberg	Vespa GmbH Braunstraße 1, 8900 Augsburg-Haunstetten

116

Das Konkurrenz-modell zum City von Hercules ist die Vespa PX 80 E. Sie hat im Gegensatz zur Hercules kein Automatik-Ge-triebe, sondern Viergang-Hand-schaltung

Roller-Vergleich: Meßwerte

	Hercules CV 80	Vespa PX 80 E
Beschleunigung		
0–30 km/h	3,5 s	3,0 s
0–40 km/h	6,0 s	5,0 s
0–50 km/h	9,7 s	7,4 s
0–60 km/h	15,8 s	11,0 s
0–70 km/h	—	15,3 s
0–400 m	28,8 s	24,8 s
Durchzugsvermögen		
30–40 km/h	2,5 s	4,3 s
40–50 km/h	3,7 s	3,4 s
50–60 km/h	6,1 s	3,4 s
Höchstgeschwindigkeit		
solo sitzend km/h	69	75
Testverbrauch		
Liter/100 km	2,5	4,1
Tankinhalt/Reserve Liter	4,5	8/2,5

117

7 Die schönsten Roller

7.1. ROLLS-ROYCE

Für die Liebe zu seinem Vespa-Roller opfert Roberto Bocelli fast alles: viel Zeit und einen Haufen Geld. Sein Super-Roller ist inzwischen 12 000 Mark wert.

Eine dichte Menschenmenge drängt sich um das feuerrote Unikum. »Daran hätte der TÜV seine helle Freude« meint einer aus dem Pulk. Ein anderer liegt vor dem Vorderrad auf dem Boden und untersucht fachmännisch die Scheibenbremse. Etwas abseits steht ein junger Mann mit einem weißen Strandhut. Seine Gesichtszüge verraten die südländische Abstammung. Interessiert schaut er der Menge zu. Ab und zu huscht ein Lächeln über sein Gesicht. Dann wieder blickt er verständnislos zu den gestikulierenden Roller-Fans hinüber.

Roberto Bocelli, der Mann mit dem Sonnenhut, kann nur ahnen, worüber sich die Rollerfahrer so ereifern. Der 27jährige Lastwagenmechaniker aus dem italienischen Livorno beherrscht nämlich nur seine Muttersprache. Weder auf Deutsch noch auf Englisch oder französisch können ihm Informationen über seinen Super-Roller entlockt werden, den er in neunmonatiger Arbeit aufgebaut hat. Ein Dolmetscher muß die Wißbegierde befriedigen.

Ein Roller mit allen Schikanen Sinnvolles Zubehör, gepaart mit tönenden Spielereien, zieren den Roller, der aus einer Vespa P 200 E entstand. Die Liebe der Italiener zu akustischen Spielereien wird auch an Robertos Zweirad deutlich. Ein Drehschalter erlaubt beliebige Klangfolgen einer Fanfare, ein Druckknopf unter dem Trittbrett setzt die Hupe in Betrieb, ein anderer läßt ein langsam an- und abschwellendes Elektrohorn ertönen. Fünf verschiedene Klangkörper sind in der Vespa-Verkleidung versteckt. Die Spielereien sind es aber nicht, die das Besondere an dem umgebauten Roller ausmachen. Schon seine Silhouette von vorn ist beeindrukkend. In Handarbeit entstand eine mächtige Verkleidung aus glasfaserverstärktem Kunststoff, deren Unterteil völlig nach eigenen Plänen gestaltet wurde. Lediglich das Oberteil kann man in Italien kaufen. In die Verkleidung sind zwei gelbe Zusatzscheinwerfer und zwei Positionslampen eingebaut. Dahinter befinden sich sechs Instrumente, zig Schalter und Kontrollämpchen. Über das jeweilige Befinden der Vespa informieren Voltmeter, Drehzahlmesser, Tachometer, Amperemeter, Quarzuhr und eine Kraftstoffstandanzeige. Dazu wird auch noch die Temperatur des Zylinderkopfes über einen Fühler gemessen.

Hinter einem winzigen Handschuhfach mit verchromtem Rollladen im Durchstieg versteckt sich ein Kassettenrecorder. Die dazugehörigen Lautsprecher strahlen den Sound aus der Verkleidung in Richtung Fahrer. Eine Leuchtdiodenkette hinter dem Tacho informiert über die abgegebene Verstärkerleistung wie bei einer Hi-Fi-Anlage im Wohnzimmer.

Der Italiener hat sich mit optischen Verfeinerungen und zusätzlichem Komfort aber nicht zufrieden gegeben. Fahrwerk und Motor erfuhren ebenfalls Eingriffe. Mit 220 cm³ Hubraum und etwa 16 PS gibt Roberto Bocelli die Leistung seiner Vespa an. Im Aluminium-Zylinder verrichtet ein Mahle-Kolben seinen Dienst, der in einer Chrommolybdänbahn läuft. Der Ansaugtrakt hinter dem Drehschieber wurde erweitert, der Motor mit einem größeren Gebläse zur besseren Kühlung versehen.

Für die Federung sorgt vorn ein Gasdruckdämpfer, für den der **Sein Traum: Ein** Vespa-Fahrer einen gesonderten Ausgleichsbehälter konstruiert **Fahrwerk wie** hat. Von diesem Eigenbau ist er zwar überzeugt, wenngleich er **beim Citroen** hier noch seine Hauptaufgabe sieht.»Ein hydropneumatisches Fahrwerk wie bei einem Citroen schwebt mir vor«, läßt Roberto übersetzen.»Am Hinterrad habe ich es bereits ausprobiert, und es funktioniert ganz gut.«

Die meiste Beachtung aber findet die gelochte Scheibenbremse im Vorderrad.»Ich habe sie selbst konstruiert und gebaut. Sie ist in dieser Form wohl einzigartig«, erklärt er voller Stolz. Es ist eine Bremsscheibe des Renault 5, allerdings in erheblich abgespeckter Form. Die Betätigung erfolgt natürlich hydraulisch.

12 000 Mark, so schätzt Roberto Bocelli, ist sein zweirädriger Rolls-Royce wert. Daß er ihn einmal verkaufen wird, schließt er nicht aus.»Wenn ich neue Ideen habe und mir einen neuen Roller baue, verkaufe ich die rote Vespa«, sagt er.

7.2 BUNTES ALLERLEI

Wenn der Roller erst mal angeschafft ist, konzentrieren sich die Überlegungen meist aufs Zubehör. Dem einen geht es dabei um die Optik, dem anderen mehr um den praktischen Nutzen.
Bei unseren italienischen Nachbarn setzen die Motorroller-Händler mit Zubehör in einer Saison fast soviel Geld um wie mit dem Verkauf der Scooter. Hierzulande entdecken die meisten Roller-Liebhaber erst jetzt, was es alles gibt.
Doch im Gegensatz zu den Azzurris sind die Deutschen in bezug auf das Aufmotzen, auch optisches Tuning genannt, weniger empfänglich. Doch langsam setzt sich auch in der Roller-Szene der Hang zum Individualismus mehr und mehr durch. Inspiriert werden die meisten jedoch erst von einem besonders gelungenen Exemplar. Zugegeben, es muß nicht immer gleich ein Rolls-Royce sein, wie ihn Roberto Bocelli fährt.
Die Entscheidung, welches Zubehör ist für mich sinnvoll, welches nicht, muß natürlich jeder selbst treffen. Dennoch soll dieser Ratgeber dabei helfen, das große Angebot ein wenig transparenter zu machen und die Spreu vom Weizen zu trennen.
Soviel vorab: Vespa-Besitzer tun sich leichter bei der Beschaffung eines Artikels als zum Beispiel der Fahrer eines Honda-Rol-

Bei Vespa gibt es heute für jeden Typ das richtige Zubehör – in der richtigen Größe, in der richtigen Farbe und für jeden Geldbeutel

Oben und rechts: Der wohl verrückteste Roller beim Vespa-Treffen in Verona war dieses Exemplar mit Rolls-Royce-Kühlergrill und echter Emily obendrauf. Selbst ein mit rotem Velour ausgeschlagenes Top-Case fehlt nicht. Dazu jede Menge anderer Zierrat, wie Auspuffattrappen und ein Walnußholz eingefaßtes Instrumentenbrett. — Links: Voller Stolz hat dieser Roller-Fan alle von ihm besuchten Treffen mit einem Abzeichen auf der Windschutzscheibe verewigt

Internationale Flaggenparade anläßlich des größten Vespa-Treffens in Verona

Roberto Boticellis „Straßenkreuzer" auf zwei Vesparädern. Jedes noch so kleine Detail ist mit Liebe handgemacht, poliert und veredelt

Rechts oben: Nicht
weniger als 13 Lampen
hat dieser Roller-
Freund an seiner Vespa
installiert

Darunter: „Sehen und
gesehen werden" heißt
die Devise

Unten: Ganz in Weiß
liebt es diese Dame.
Nach dem Motto:
Jedem Tierchen sein
Pläsierchen

Dieser perfekt restaurierte Ape-Oldtimer war eine Attraktion in Verona

Ebenfalls auf dem Vespa-Konzept basiert dieser fahrende Mülleimer des Stadtreinigungsamtes

Früher kam der Postmann noch in Leder und fuhr mit einer umgebauten Zündapp-Bella vor.

In „Black and White" ist diese PX 200 E Lusso ausgestattet. Man beachte den Spoiler am Beinschild

lers. Zwischenzeitlich bietet nämlich die Vespa GmbH in Augsburg über ihre Händler oder im Direktversand das umfangreichste Zubehör für Roller an. Nur sehr zögernd ziehen die Japaner nach. In aller Regel wird man beim Yamaha-, Puch- oder Honda-Händler auf den freien Zubehörhandel verwiesen. Keine Frage, das macht die Suche keineswegs einfacher. Im Gegenteil, schon bei der Suche nach einem geeigneten Gepäckträger gehen die Schwierigkeiten los und nicht selten stellt sich heraus, daß es den gewünschten Artikel nirgendwo zu kaufen gibt. Was dann noch bleibt ist die Improvisation nach dem Do-it-yourself-Verfahren. Die kompetenteste Beratung gibt es jedoch immer beim Fachhandel oder bei den einschlägigen Clubs (siehe Kapitel 11).

Zubehör, egal welcher Art, sollte natürlich in erster Linie allen Sicherheitsanforderungen genügen und nicht etwa das Gegenteil bewirken. Bauartbedingte Veränderungen des Rollers ziehen immer eine Genehmigungspflicht nach sich. Daher sollte man bereits vor dem Kauf auf einer Unbedenklichkeitsbescheinigung des Herstellers oder einem entsprechenden TÜV-Gutachten bestehen. So fallen zum Beispiel Reserveräder, sofern sie nicht dem Original entsprechen, unter diesen Passus. Eine sinnvolle Anschaffung ist ein Original-Reserverad allemal. Hand aufs Herz, wer hat ständig Montierhebel und Flickzeug dabei, um

Die Sicherheit hat Vorfahrt

einen Plattfuß an Ort und Stelle fachmännisch beheben zu können? Vespa-Besitzer haben es besonders einfach. Unter der linken Motorverkleidung ist bei allen Piaggio-Modellen ein spezieller Platz fürs Reserverad. Serienmäßig wird es schon seit vielen Jahren nicht mehr mitgeliefert. Daher obliegt es dem Fahrer, sich beim Händler eines zu kaufen. Dank der abschließbaren Seitenverkleidung kann es dort diebstahlsicher und platzsparend untergebracht werden.

Bei Rollern japanischer Herkunft ist die Unterbringung schwieriger. Die schlanken Verkleidungen lassen es nicht zu, daß das Ersatzrad hinter der Kunststoffverkleidung verschwindet. Dennoch bieten sich auch hier Möglichkeiten, zumindest für größere Touren, das dritte Rad am Roller unterzubringen. In den meisten Fällen bietet sich der Raum im Durchstieg vor dem Motor an. Doch dazu muß dann auch die narrensichere Befestigung selbst gebastelt werden, oder man muß sie vom Händler anfertigen lassen. Meist genügt eine lange Schraube, die von hinten durch die Karosserie gesteckt wird, eine kleine runde Stahlplatte vor der Nabenöffnung und eine Flügelschraube, um das Rad sicher zu befestigen.

Was bei den Autos schon in den siebziger Jahren durchaus Gang und Gäbe war, nämlich die Serienfelgen gegen solche aus wohlgeformterem und leichterem Aluminium zu vertauschen, hat nun auch die Rollerfahrer ergriffen. Speziell für die PK-Baureihe bietet Vespa seit einiger Zeit auch Leichtmetallfelgen an. Es gibt sie in Silber, Schwarz, Weiß und Chrom − Kostenpunkt rund 100 Mark das Stück. Vorteile für die Straßenlage bringen sie zwar nicht, doch sie machen den Roller etwas individueller. Da bringt ein zweiter (rechter) Spiegel schon viel mehr für die Sicherheit. Denn gerade im Stadtverkehr ist es heutzutage unerläßlich, ständig über die nachfolgende Blechkaravane informiert zu sein. Wer es einmal ausprobiert hat, möchte den rechten Spiegel keinesfalls mehr missen. Vorsichtige Fahrer werfen trotzdem vor dem Einordnen oder Überholen noch einen zweiten Blick über die Schulter.

Mit einem geschulterten Rucksack kann man zwar auch auf die große Reise gehen, doch bequemer ist es, wenn der Roller über einen Gepäckträger verfügt. Im Gegensatz zu den Motorradfahrern kann der Gepäckträger bei Scootern sogar vorn am Beinschild montiert werden. Doch das ist keineswegs so zu verstehen, daß man sich den Platz aussuchen kann. Die bessere Lösung fürs Gepäckproblem ist der hintere Gepäckträger und da

Der letzte Schrei sind Radzier-ringe, Stufensitz-bank wie bei einem Chopper, und Halter für die Coca-Cola-Dose

gehören auch die schweren Sachen, wie zum Beispiel das Zelt, drauf. Der vordere Gepäckhalter ist als Zusatzausrüstung für die gedacht, die mit dem Platz hinten nicht auskommen.

Camper schnallen also logischerweise ihre Schlafsäcke oder Ersatzkleidung und andere leichte Utensilien vorn drauf. Denn die zusätzlichen Massen vor der beweglichen Lenkachse könnten das Fahrverhalten bei unausgewogener Gewichtsverteilung sehr nachhaltig beeinflussen. Der Nachteil äußert sich in verstärkter Pendelneigung oder unkontrollierten Schlingerbewegungen in Kurven. Ein Gepäckträger kostet je nach Ausführung, es gibt sie lackiert (wegen Rostgefahr kaum zu empfehlen), kunststoffbeschichtet oder auch in Chromausführung. Beide sind gleichermaßen unanfällig gegen Rost und Kratzer. Kostenpunkt am Beispiel eines Vespa-Trägers: um 100 Mark für hinten oder vorn und je nach Ausführung.

Die exklusivste Art zu reisen ist jedoch die, mit einem Top-Case auf dem Gepäckträger hintendrauf. Dort sind die Reiseutensilien am sichersten vor Schmutz, Diebstahl oder Feuchtigkeit. Top-Cases gibt es fast für jeden Roller in der passenden Größe im einschlägigen Fachhandel und dazu noch in allen möglichen Farben. Sie kosten zwischen 150 und 280 Mark.

Viel Komfort mit einem Top-Case

Der Roller bietet im Gegensatz zum unverkleideten Motorrad

schon allein durch das Beinschild mehr Wetterschutz. Doch dieser ist noch lange nicht so gut, als daß man ihn nicht noch verbessern könnte. Eine Cockpitverkleidung ist schon recht nützlich, eine Windschutzscheibe bis in Augenhöhe bringt natürlich noch mehr. Für einen Wind- und Wetterschutz dieser Sorte muß man mit 100 bis 150 Mark rechnen. Doch der Schutz wird auch mit einem kleinen Nachteil erkauft – der Fahrwiderstand steigt bei einer Windschutzscheibe an und treibt den Verbrauch bei Höchstgeschwindigkeit um rund 25 Prozent nach oben. Eher kostensenkend machen sich dagegen Cockpitverkleidungen bemerkbar, da sie einen besseren Fahrtwindabriß zum Fahrer hin ermöglichen.

Alle anderen Zubehörartikel, die nun folgen, dienen mehr der optischen als der praktischen Aufwertung des Rollers.

So gibt es zum Beispiel für das gesamte Vespa-Programm Radkappen in verschiedenen Farben – Kostenpunkt rund 45 Mark. Noch weniger sinnvoll ist allerdings der Dosenhalter für die Cola- oder Fanta-Dose zum Ankleben ans Beinschild. Ein Showeffekt ist er allemal, doch mal ganz ehrlich: Wer trinkt schon gern ein warmes Dosengetränk?

Sturzbügel sind da schon ein viel nützlicheres Zubehör. Wenn der geliebte Roller mal unversehens vom Ständer kippt, ist meist eine Beule unvermeidlich. Für 100 Mark gibt es im Zubehörhandel verchromte Bügel, die beiderseits um die Motorverkleidung herumführen und beim Umfallen oder einem leichten Sturz die Karosserie vor dem Schlimmsten bewahren.

Eine Stoßstange am Vorderradschutzblech bringt dagegen nur etwas, wenn der Roller unglücklich umstürzt. Schon allein deshalb ist diese 50-Mark-Investition Geschmackssache. Darüber hinaus gibt es noch weitere Verschönerungsartikel im Regal. So zum Beispiel die Stufensitzbank für all diejenigen, die ihren Roller gern zum Sofa oder zum chopperartigen Zweirad umfunktionieren möchten. Eine solche Bank kostet annähernd 200 Mark. Doch es gibt auch eine billigere Lösung – einen Sitzbankbezug für nur 25 Mark.

Fußmatten, Lampenzierringe und Bügel sowie Griffe in verschiedenen knalligen Farben tun ein Letztes, in der Welt auf zwei Rädern der Eintönigkeit Ade zu sagen.

Hi-Fi ist der letzte Schrei Der letzte Schrei ist schließlich eine Stereo-Anlage mit zwei Boxen, einem Radio und einem Cassettenrecorder. Für Musikfans mag dies die höchste Stufe sein. Doch es gibt beim allzu euphorischen Einbau eines zu bedenken – schon der erste Regen

128

*Das nützlichste Zubehör ist das Ersatz-
rad unter dem linken Seitendeckel*

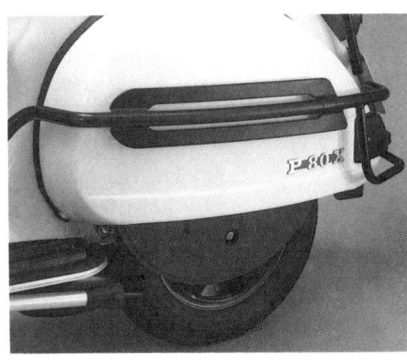

*Wenn der Roller einmal umfallen sollte,
verhindert dieser Schutz- und Zierbügel
Beschädigungen der Karosserie*

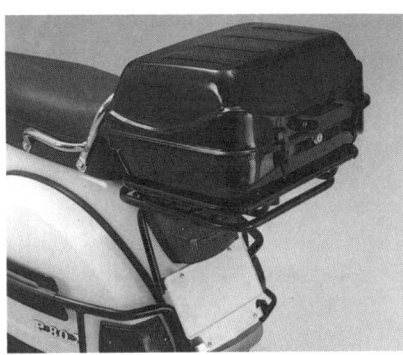

*Nur in Verbindung mit dem geeigneten
Gepäckträger kann auch ein Top-Case
montiert werden. Eine Eintragung beim
TÜV ist nicht erforderlich*

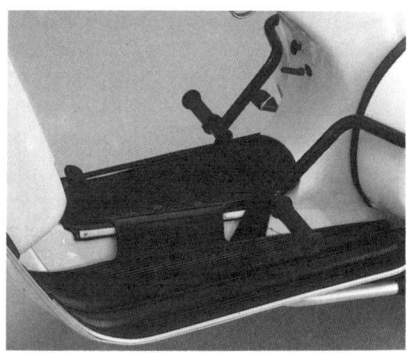

*Zusätzliche Fußrasten sind reine
Geschmackssache. Anfänger tun sich
damit schwer. Insbesondere dann, wenn
auf dem Trittbrett die Fußbremse installiert ist. Und was sagt der TÜV?*

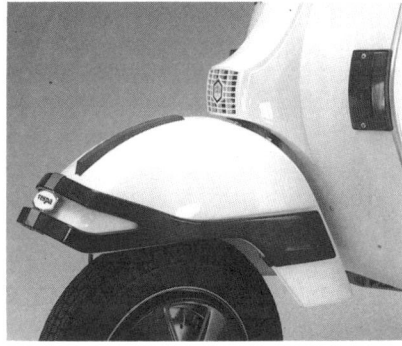

*Dieser „Rammschutz" ist wohl mehr
Zierde denn Stoßstange*

*Die Kühlung der Trommelbremse wird
durch die Radkappen, Gott sei Dank,
nicht beeinträchtigt*

kann sich auf das teure Gerät verheerend auswirken. Daher sollte man sich vor dem Kauf von einem Fachmann beraten lassen oder lieber ganz darauf verzichten. Denn die Zündung des Rollers schlägt bei laufendem Motor ständig auf den Empfänger oder das Cassettenteil durch − was zwangsläufig eine Funkentstörung für weitere 50 Mark nach sich zieht. Doch den meisten Musikfreunden geht es in diesem Fall ja auch nicht ums Hören während der Fahrt − vielmehr um den Hi-Fi-Genuß im Stand.

Linke Seite: Ein wahres Paradies für Zubehör ist natürlich Italien, wie diese verzierte Lambretta beweist.

Rechte Seite oben: Derart voluminöse Top-Cases gibt es auch im freien Zubehörhandel.

Daneben: Auf die Spitze trieb es dieser Hobby-Elektriker. Neben Zusatzlampen hat er einen Scheibenwischer, Stereo und CB-Funk installiert. −

Unten links: Diese Vespa ist sogar mit einem CB-Funkgerät ausgerüstet. −

Rechts: Ganz besonders raffiniert ist diese Vario-Sitzbank. Für Solofahrten mit Rückenlehne und herunterklappbar für zweisame Fahrten

130

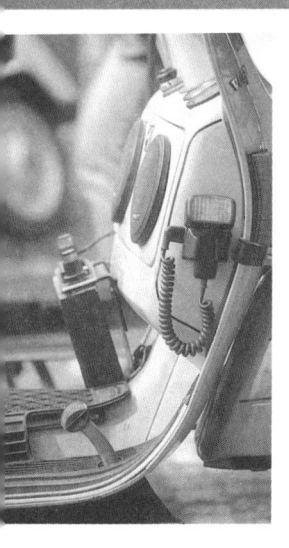

8 Die Technik der Roller

ZEITZEICHEN

Vor vierzig Jahren erlebte der Motorroller in Italien seinen Durchbruch. Im Windschatten der Vespa und der Lambretta entstanden auch in Deutschland bald Dutzende von Rollertypen, wie der Heinkel »Tourist«, Dürkopps »Diana« oder der klobige »Goggo«-Roller aus der niederbayerischen Landmaschinenfabrik Isaria. Wenngleich all diese »zivilisierten Zweiräder« eines gemeinsam hatten, nämlich das typische Merkmal des Motorrollers, den freien Durchstieg, so versteckte sich unter ihren Blechkleidern recht unterschiedliche Technik. Es gab Roller mit winzigen 8 Zoll-Reifen und welche mit Motorradpneus; Stadtflitzer, die man die Treppe hinauftragen konnte, und Schwergewichte, die sich als Sportkabrioletts auf zwei Rädern verstanden; Roller mit Zweitaktmotoren und Roller, die im Viertakt an der Sprit-Zapfsäule für richtige Autos anstehen durften . . .

Was alle Rollermodelle voneinander unterschied, und was ihre guten wie schlechten technischen Merkmale waren, deckt nachstehende Betrachtung auf.

Von Roller-Rahmen und selbsttragenden Karosserien

Nicht nur hinsichtlich des Antriebs, sondern auch in der Frage der Karosserie gingen die Vespa-Techniker sämtliche auftauchenden Probleme aus unorthodoxer Sicht an. Die Flugzeugfabrik Piaggio, welche die Vespa auf zwei Räder stellte, verfügte über große Pressen für die Blechverarbeitung, die nach dem Zweiten Weltkrieg nicht ausgelastet waren. Bald kam man jedoch in Pontedera auf die Idee, ein Vehikel ohne den bei Zweirädern bislang üblichen geschweißten Rahmen zu fertigen, sondern »Vespen« mit selbsttragender Karosserie. Dadurch erlangten die Roller mit den schubkarrengroßen Rädern maximale Stabilität bei minimalem Gewicht (bis zu 30 Prozent weniger als herkömmliche Stahlrohrkonstruktionen). Auch heute wiegt das Spitzenmodell Vespa PX 200 E mit 109 kg kaum mehr als ein Kraftrad der »Schnapsglasklasse«.

132

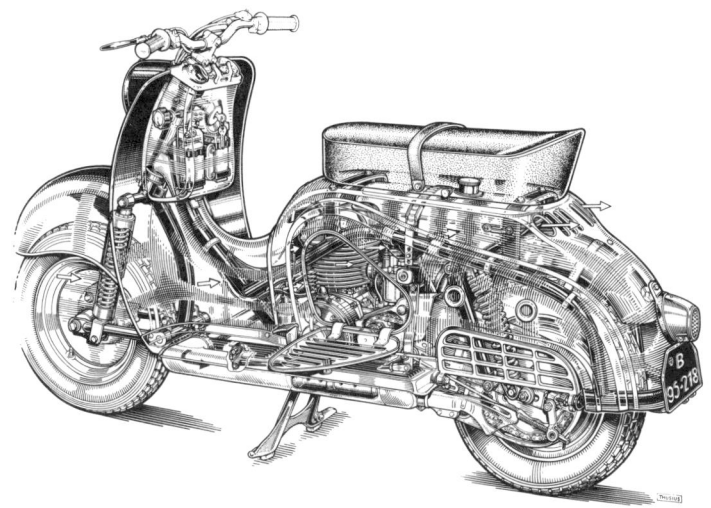

*Eine Phantom-
zeichnung der
Zündapp Bella,
Typ R 201, zeigt
deutlich die Kühl-
luftführung, die
Konstruktion des
Rahmens und
den Kettenan-
trieb des Hinter-
rads.*

Die deutschen Motorrollerhersteller waren in den fünfziger Jahren nicht in der Lage, das Prinzip der selbsttragenden Karosserie
zu kopieren – aus finanziellen Gründen. Schließlich bedeutete
in der Nachkriegszeit der Erwerb einer Karosseriepresse eine
enorme Investition. Einzig Jakob Oswald Hoffmann, der »Vater
der deutschen Vespa« und Lizenznehmer von Piaggio, schaffte
es, sich 1952 in sein Lintorfer Roller-Werk eine nagelneue 450-
Tonnen-Presse zu stellen. Das leistete sich vor ihm nur das
Volkswagenwerk.

*Der Rahmen der
Dürkopp-Diana
konnte Stück für
Stück zerlegt
werden. Die
Blechkarosserie
war in Gummi ge-
lagert*

Die Hoffmann-Vespa-Konkurrenz baute dagegen Roller konventioneller Art, sprich: mit Stahlrohrrahmen. Etwa die NSU Motorenwerke AG in Neckarsulm, die mit ihrer NSU-Lambretta neben Piaggio in nordischen Breitengraden eine Rollerbewegung einleiteten.

Tragendes Rückgrat der Innocenti-NSU-Koproduktion war das Zentralrohr, das vom Lenkkopf bis hinter den Beifahrersitz durchging und aus zwei Preßhälften mit verbleibendem, zusätzlich versteifendem Steg zusammengeschweißt war.

Konstruktives Neuland im Rahmenbau betraten 1950 die Riedelwerke in Immenstadt. Ihr »Till«-Roller, der Millionen Kinobesucher im »Schwarzwaldmädel« mit Sonja Ziemann bekannt wurde, ging allerdings nicht in Serie. Charakteristikum des Till-Rollers war auch ein Zentralrohr, das vom Lenkkopf bis unter den liegenden Motor lief, dann seitlich auswich, um in der Höhe des Hinterrades senkrecht nach oben zu gehen und sich zu einem U-förmigen Bügel umzubiegen. Am freien Ende dieses Bügels war ein Träger für die Federung, die sich auf dem Auspuffrohr (!) abstützte, das als Schwingarm und Träger für die Hinterachse diente. Einen ähnlichen »Knochenbau« hatte Konstrukteur Norbert Riedel schon 1949 bei seinem Motorrad »Imme« verwirklicht, welches sich innerhalb eines Jahres über 5000mal verkaufen ließ.

Mit eingebautem Mittelständer bildete auch beim Heinkel-Roller, dem »Reisekissen auf Rollerrädern«, der verwindungsfreie Stahlrohrrahmen das Rückgrat der Konstruktion. Bei Dürkopp in der Backpulverstadt Bielefeld hatte man, bevor man an die Rah-

Motorradbereifung mit 14 Zoll großen Speichenrädern hat dieser Roller (Adler Junior) aus dem Jahre 1955. Zudem besitzt er einen Rohrrahmen und Schwingen-Federung hinten (Feder und Stoßdämpfer getrennt)

menkonstruktion ging, sichtlich sehr genau die bisherigen Erfahrungen mit Rollern ausgewertet und die Diana mit einer Reihe konstruktiver Neuheiten ausgestattet. So hatten die Dürkopp-Techniker etwa beobachtet, daß viele Motorroller durch Stürze stark beschädigt und entstellt waren, und entwickelten deshalb ein neuartiges, zerlegbares Fahrgestell, dessen einzelne Bestandteile schnell und billig auswechselbar waren. Doch diese Lösung blieb ein Einzelfall.

Kleine Räder sind das Markenzeichen sämtlicher heute auf dem Markt befindlichen Motorroller. Zwar kann man auf ihnen recht flott fahren, selbst über Deutschlands Autobahnen, aber gelegentlich kommt es doch zu folgenschweren Stürzen, wenn wieder einmal eine Straßenbahnschiene oder ein Schlagloch »im Wege« war.

Rollerräder und Rollerbereifung

Die kleinen Rollerräder haben jedoch auch ihren Vorteil: sie legen den Schwerpunkt des Rollers niedriger und verbessern so dessen Straßenlage. Frozzelte Alexander Spoerl 1955 in seinem Buch »Mit dem Motorrad und Roller auf Du: »Mit dem niedrigen Rollerschwerpunkt kann man Schritt fahren, ohne mit den Beinen zu hampeln«. Rollerfelgen sind einfacher aufgebaut als beim Motorrad, da man Scheibenräder aus Blech oder Leichtmetallguß verwenden kann. Sie werden um so billiger, je kleiner sie sind – wobei natürlich das Fahrverhalten eine Grenze setzt.

135

Links: Die NSU-Lambretta hatte kleine 8-Zoll-Räder und eine gezogene Kurz-schwinge vorn

Rechts: Dieser Scooter von Real hat ein großes 10-Zoll-Gußrad und Telegabel zur Führung des Vorderrades

Über das ideale Radmaß gab es in der Geschichte des Roller-baus schon viele heftige Auseinandersetzungen. Jeder Herstel-ler legte seinem Radmaß völlig eigene Sicherheitsberechnungen zugrunde. Etwa die Victoria-Werke in Nürnberg, die 1953 kate-gorisch feststellten: »16 Zoll – kein Zoll weniger und kein Zoll mehr«. Damit hätten die Pneus des Victoria-Peggy-Rollers je-dem Motorrad alle Ehre gemacht.

14.000 Exemplare des Progress »Strolch« verließen zwischen 1952 und 1960 ebenfalls mit 16-Zoll-Reifen das Progress-Werk in Oberkirch/Baden. Damit konnte sich das flotte Einspurfahr-zeug aus dem Schwarzwald unbekümmert auf die Fährte des Rothirsches begeben, ohne gleich im Forst steckenzubleiben. Der Strolch war ein Motorroller mit motorrollerähnlichen Fahrei-genschaften oder – wie es in der Presseinformation seines Her-stellerwerkes selbstbewußt hieß: »Er vereinigt die Leistung, die Fahrsicherheit und die Straßenlage eines sehr guten Motorrades mit der Formschönheit und der Bequemlichkeit eines Rollers«.

Nicht ganz so üppig dimensionierten die Frankfurter Adler-Werke ihren »Junior« – aber mit seinen 14 Zoll-Motorradreifen auf Speichenrädern war das Gefährt im Vergleich zur Vespa- oder Lambretta-Konkurrenz alles andere als eine Augenweide, sondern schlichte Hausmannskost unter den »zivilisierten Zweirädern«. Selbst Dürkopps Diana aus Bielefeld brachte mehr Grazilität und Eleganz mit ihren zehnzölligen Reifen auf das Pflaster.

Diese Reifengröße ist heute Standardmaß im Rollerbau und wur-de einst nur unterboten von der NSU-Lambretta oder der Venus

136

aus Donauwörth – deren Räder waren 8 Zoll klein und sollten damit besonders Frauen zum Kauf reizen.

Die Lenk- und Fahreigenschaften des Motorrollers hängen in erster Linie von der Federung ab. Zwar bilden die kleinen Rollerräder an sich schon ein Federungselement, aber die Motorroller-Konstrukteure begnügten sich damit nicht und entwickelten recht unterschiedliche Vorderrad- und Hinterradfederungen. Gerade die anspruchsvollen Rollerfahrer verlangten schließlich von ihrem neuzeitlichen Vehikel, daß sich auch Langstrecken bequem zurücklegen lassen. Sie wollten sich nicht die Handschuhe zerscheuern und Schwielen an den Händen bekommen. Noch weniger lag ihnen an einem »zerschlagenem Kreuz« oder gar an einem Bandscheibenschaden.

Vorder- und Hinterradfederung

Während beim Motorrad lange Zeit die Telegabel die vorherrschende Konstruktion war, dominiert bei den Rollern bis heute die Schwinge. Diese bringt nicht nur eine solide Federung, sie erzielt auch gute Lenkeigenschaften von hoher Eigenstabilität, so daß die gefürchtete Pendelneigung oder gar das Aufschaukeln auf Waschbrettwellen weitgehend von den Rollerbauern in den Griff bekommen wurde.

Die Nürnberger Zündapp-Werke stellten ihre Bella-Fertigung 1955 von Telegabel- auf Langschwingen-Federung um. Die Bella verfügte damit über den großen Federweg von 143 Millimeter.

Die Lambretta hatte den Motor direkt vor dem Hinterrad, den Tank darüber und den Kickstarter seitlich ums Trittbrett herumgeführt

Die Diana von Dürkopp hatte schon ein modernes, gekapseltes Federbein, gebläsegekühlten Zweitaktmotor und einen Kickstarter mit Kettenumlenkung

Mit diesem konnte man, bei gleicher Federendkraft, ein wesentlich leichteres Ansprechen auf kleine Fahrbahnunebenheiten erreichen als bei einem kürzeren Federweg. Weicheres Ansprechen der Federung, exakte Dämpfung und geringe Nachlaufveränderung ergaben bei der Bella sicheres Haften des Vorderrades am Boden. Die günstige Raderhebungskurve ließ den Nachlaufwert auch bei großen Federwegen nur wenig von seinem optimalen Sollwert abweichen. Die Geradwegführung der Tele-

Bei diesem Fragment einers Till-Motorrollers diente das Auspuffrohr als Schwingenholm

skopfederung wurde bei der Schwingenfederung duch eine Kreisbogenbewegung ersetzt. Bei der Teleskopfederung erzeugten die Fahrbahnstöße, die nicht genau in Richtung der Teleskopgabel auftraten, einen Seitendruck zwischen Führungsbuchsen und Holm. Dieser Seitendruck erzeugt Reibungskräfte, die sich je nach Stoßgröße und Richtung ändern. Reibung bedeutet Dämpfung, die sich mit der hydraulischen Dämpfung überlagert. Die Reibung und damit die Dämpfung, die in einer sorgfältig ausgebildeten Schwingenlagerung entstand, war vernachlässigbar klein. Da bei der Langarm-Schwinge die hydraulische Dämpfung allein maßgebend war, konnte der Konstrukteur die Dämpfung der Schwinggabel und ihren Verlauf exakt vorherbestimmen und optimal auslegen.

Über ein Schwingenfahrwerk verfügten Mitte der fünfziger Jahre der Adler Junior, der Peggy-Roller von Victoria oder die Dürkopp Diana. Der DKW-Hobby-Roller und der Göricke-Roller Görette jedoch holperten weiter mit Teleskopgabeln über bundesdeutsches Kopfsteinpflaster. Der Heinkel Tourist besaß vorn eine Teleskopgabel und hinten eine Schwinge mit Federbeinen. Ausgefeilt war die Triebsatzschwingen-Federung im Heck der Triumph-Contessa. Viel Erfahrung bewiesen ihre hervorragenden Eigenschaften.

Die progressiv arbeitende Schraubendruckfeder und der reichlich bemessene Ölstoßdämpfer waren, wie auch im Automobil-

139

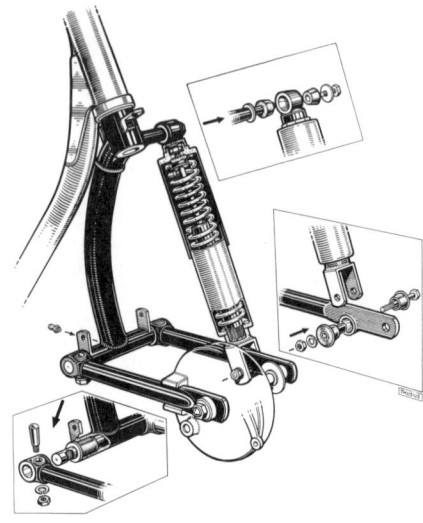

bau üblich, bei der Contessa getrennt angeordnet. Man hatte hier gegenüber der mit der Feder kombinierten Dämpfung zwei wesentliche Vorteile: einmal wurde die Hauptlast, auf die Feder wirkend, gelenklos abgefangen, so daß die Gummigelenke am Ölstoßdämpfer nur noch die Dämpfungslast zu tragen hatten und dadurch in hohem Maße geschont wurden; zum anderen war die Federung selbst bei Ausfall der Dämpfung durch eventuellen Schaden jederzeit funktionsfähig, ohne daß eine unerträgliche Herabminderung der Fahreigenschaften erfolgte.

Die positive Anlenkung der Triumph-Triebsatzschwinge in Verbindung mit der Langarmschwinge für das Vorderrad ergaben die Gewähr, daß Fahrbahnstöße auch auf schlechter Straße geschluckt wurden. Die Triebsatzschwinge stellte dabei federungstechnisch eine Zwischenmasse dar, welche die Straße glättete. Federung und Dämpfung bei der heutigen Rollergeneration haben im Detail zahlreiche Verbesserungen erfahren. So hat etwa Yamaha bei seiner jüngsten Roller-Modellreihe die Vorderradschwinge mit einem speziellen parallelogrammförmigen Hebelmechanismus verbunden, der das bei manchen Rollern typische Ausfedern beim Bremsen verhindert und neutrales Fahrverhalten gewährleistet.

Auch bei der Vespa sorgt die vertraute Kurzschwinge für guten Federungskomfort des einseitig (wie beim Flugzeug) aufgehängten Vorderrades. Schraubenfeder und Stroßdämpfer sind bei der Vespa zu einem Bauelement vereinigt.

140

Nach den statistischen Unterlagen der Roller-Hersteller (in der **Der Roller-**
Wirtschaftswunderära) waren Roller-Fahrer im wesentlichen **motor**
Menschen, die eigentlich einen PKW fahren wollten. Die Roller-
Konstrukteure statteten deshalb, um der Einstellung ihrer Zwei-
rad-Fahrer entgegenzukommen, die neuen Roller mit sehr vielen
autoähnlichen Dingen aus. Den Kickstarter gab's immer seltener, der Roller wurde genauso elektrisch gestartet wie ein Auto.
Die Motorhaube brauchte man nicht mehr zu öffnen, denn das
Tupfen des Vergasers oder das Schließen der Luftklappe erfolgte vom Armaturenbrett aus (z. B. bei der NSU-Lambretta). Und
weil es auch bei Automobilen so üblich war, von Zeit zu Zeit die
Motorleistung anzuheben, stand ebenso den Rollerkäufern stets
eine große Auswahl von Triebwerken mit unterschiedlicher Leistung zur Verfügung.
Mit wachsendem Wohlstand zeichnete sich die Tendenz ab,
stärkere Aggregate zu verwenden, um den Fahrzeugen noch

*Sehr kompakt ist
der Motor der
Vespen. Motor
und Getriebe bil-
den eine Einheit.
Das Hinterrad
wird direkt über
Zahnräder ange-
trieben*

141

mehr Kraft und höhere Spitzengeschwindigkeiten zu verleihen. Die auffälligsten Erscheinungen auf dem deutschen Rollermarkt traten schon 1951 mit 250-cm³-Motoren auf den Plan − so die Dortmunder Fahrzeugfabrik Schweppe-Mechanik mit ihrem Pirol-Roller. Hersteller wie Maico (»Maicomobil − Straßenkreuzer auf zwei Rädern«) oder Progress (»Strolch«) folgten mit Kraftprotzen der 200- bzw. 250 cm³-Hubraumklasse und stellten damit die italienischen Roller hubraummäßig in den Schatten.

Der Bau eines Motorrollers stellte beträchtliche Anforderungen an die jeweilige Fertigungsstätte. Mancher Hersteller bewerkstelligte nur mühsam den Fertigungsaufwand für die Karosse und verzichtete wohlweislich auf die Herstellung eigener Motoren. Diese wurde dann von traditionellen Einbaumotoren-Fabriken wie Ilo oder Sachs bezogen. So gingen beispielsweise Rollerschmieden wie Walba, Röhr, Achilles oder Bastert vor. Bis auf wenige Ausnahmen pflanzten diese Konfektionäre in ihre zivilisierten Zweiräder Einzylinder-Zweitaktmotoren, was die Frage der Schmierung aufwarf. Die bewegten Teile des Zweitaktmotors werden bekanntlich durch Zusätze im Kraftstoff geschmiert. Das setzt voraus, daß Kraftstoff und Zweitakt-Öl im richtigen Mischungsverhältnis in den Tank gefüllt werden.

Bequemer ist natürlich die Getrenntschmierung für Zweitakt-Triebwerke, mit der Japaner wie Italiener den gegenwärtigen Rollerfrühling einzuläuten versuchen. Bei dieser Technik werden Kraftstoff und Zweitaktöl in separaten Tankbehältern unterm Rollerkleid »gebunkert«, um dann im Betrieb vollautomatisch (drehzahlabhängig) im richtigen Verhältnis gemischt zu werden.

Magisch: Der Heinkel-Tourist Eine Sonderstellung unter den Motorrollern nahm stets der Heinkel-Tourist ein. »Viertaktmotor« war das magische Wort, das diesem Einzelgänger unter einem Heer von Zweitaktrollern seine Anziehungskraft verlieh. Damit konnte das Zweirad-Gefährt aus Zuffenhausen den gleichen Sprit tanken wie der große Bruder aus Wolfsburg − des Rollerfahrers heimlicher Traum. Der stehende Einzylinder-Viertaktmotor des »Tourist« bestach durch seinen ruhigen Lauf und seine Leistungsfähigkeit. Die Beschleunigung bis 60 km/h lag nur knapp unter der des Volkswagens. Lange Zeit hielt man einen Viertakter für empfindlicher, weil komplizierter als ein gleichstarker Zweitakter, doch das Heinkel-Triebwerk bewies im harten Rolleralltag tausendfach das Gegenteil. Der Gaswechsel beim Viertaktmotor wird durch Ventile exakt gesteuert, Frischgase und verbrannte Gase sind reinlich getrennt, der Ölumlauf versorgt alle Schmierstellen genau do-

142

siert und zuverlässig mit Schmierstoff. Die zusätzlichen »bewegten Teile«, also vor allem der Ventiltrieb mit Nockenwelle, Stößelstangen und Kipphebeln, stellt dank materialtechnischer und technologischer Erkenntnisse kein Problem mehr dar.

Trotzdem haben sich Viertaktmotoren im Rollerbau nie durchsetzen können. Nur Yamaha bietet derzeit auf dem deutschen Markt mit dem Modell Cygnus einen Roller mit Einzylinder-Viertakt-Motor an.

Elektrische Anlasser zählen längst zur Grundausstattung der meisten heute offerierten Motorroller, gleich ob es sich um Puch, Yamaha, Honda oder Hercules handelt. Allenfalls die Vespa ziert sich und wird als Grundmodell noch mittels Kickstarter in Schwung gebracht. Der Vespa-Elektrostarter, per Magnetschalter unter der linken Haube aktiviert und in ein Ritzel am Lichtmaschinenrotor eingreifend, wird von den Italienern nur auf ausdrücklichen Kundenwunsch mitgeliefert – gegen Aufpreis, versteht sich.

Elektrischer Anlasser und Kickstarter

Da war manche Rollerfirma in den fünfziger Jahren schon weiter: etwa Dürkopp mit seiner klassischen Rollerdame namens Diana. Diese Göttin der Jagd aus Bielefeld verfügte als einziger Roller sogar über zwei voneinander unabhängig wirkende Startanlagen: einen elektrischen Anlasser und einen Kickstarter. Das hatte besonders im Winter, wenn das Fahrzeug draußen stand, Vor-

Für damalige Verhältnisse war das Amaturenbrett der Lambretta von NSU sehr reichhaltig: Zeituhr, Chokehebel, Lichtschalter und E-Startknauf sowie Tachometer

143

teile. Der elektrische Anlasser kam auf Anhieb, wenn man den Kniff anwandte, den Kickstarter vorher mit abgezogenem Zündschlüssel zwei- oder dreimal durchzutreten, damit die durch Kälte bzw. das steifgewordene Öl schwergängigen Motorteile erst einmal in Bewegung gerieten und nicht mehr verklebt waren.

Barfuß mit der Lambretta zum Baden Auch die NSU-Lambretta verfügte schon 1953 über den Komfort des Elektrostarters. Unter der Schlagzeile »Mit weißen Handschuhen« textete die Neckarsulmer PR-Abteilung flott: »Sie können jetzt auch barfuß mit der Lambretta zum Baden fahren...« Das Elementare dieses Satzes wird klar, wenn Sie sich vorstellen, wie Sie vorher Ihren großen Zeh am Kickstarter eingeklemmt hätten! Seit die NSU-Werke aber auf den richtigen Dreh gekommen sind, klemmen Sie den Zeh bestimmt nicht mehr ein. Den Kickstarter nämlich braucht man gar nicht mehr. Und trotzdem springt die Maschine an. Hören Sie zu: »Den neuesten Dreh, der den Lambretta-Roller zum begeisternden Brummen bringt, gibt ein Anlasser, der sich in einem Steckschlüsselhalter am Armaturenbrett anbietet.« Und da die Lambretta nun mit vollem Recht »Autoroller« heißt, befindet sich neben dem Schlüsselloch noch ein Gaszug. Wie beim Rolls Royce. Toll, was? Lambrettistinnen sind dadurch in die Lage versetzt, sich die Schutzwand der Lambretta endlich voll zunutze zu machen. Seither wagte man keinen hohen Absatz am Schuh zu tragen, da er eventuell das Schicksal des großen Zehs (siehe oben) erlitten hätte.

Mit dem ferngesteuerten Dreh des Anlassers sind nun keine Pumps mehr zu hoch. Wer gern auf ein bescheidenes Äußeres sieht, kann nun beim Abendessen im Restaurant diskret nervös mit seinem Zündschlüssel neben dem Suppenteller spielen. Der Ober wird herbeieilen und Sie höflichst beruhigen: »Mein Herr, Ihrem Wagen passiert nichts, wir haben eine Parkwache«. »Hoffentlich«, werden Sie antworten, »ich fahre nämlich offen.«

Mit Muskelkraft (aber im Sitzen) starteten Roller-Piloten den DKW Hobby-Roller. Ein leichter Zug am handlichen Seilstarter bei arretiertem Kupplungsgriff genügte, und schon brummte der Zweitaktmotor im Leerlauf. Die Heinkel-Werke in Zuffenhausen ersetzten schon bald nach Anlauf bei ihrer Tourist-Großserie den Kickstarter durch eine Siba-Dynastartanlage (Anlaß-Zündlichtmaschine): »Ein Druck auf den Zündschlüssel – kaum hörbar bewegt sich langsam die Kurbelwelle, und es schlürft im Vergaser – wenn es zum zweiten Male schlürft, kann man 1, 2 zählen und schon loslassen, den die mächtige Schwungmasse dreht auch ohne Anlaßstrom den Verdichtungstakt zu Ende, und dann funkt es ja drinnen. Wenn es jetzt nicht scharf patscht, wird der Motor fast unhörbar losstampfen.« Er macht das ebenso wie der schwere Glükopfmotor des bekannten Lanz-Bulldog:»Nach drei dumpfen Zündungen hat er seine Mindestdrehzahl erreicht und meldet das dem Ohr mit normaler Geräuschentwicklung« – so berichtete Roller-Experte Dr. Günter Winkler 1955 in»Das Auto und Kraftrad«. Zum Starten brauchte der Heinkel-Vergaser übrigens keinen Tupfer, weil er eine Beschleunigungspumpe hatte.

Auch andere bekannte Roller-Hersteller wie Zündapp, Maico, Faka oder Bastert rüsteten ihre karossierten Zweiräder, zumindest die hubraumstarken Spitzenmodelle, durchweg mit Elektrostartern aus und betonten damit die Autoähnlichkeit ihrer Vehikel.

Die Kühlung des »zivilisierten Zweirades« stellte die Konstrukteure vor große Schwierigkeiten. Denn im Gegensatz zum Motorrad genügte beim Motorroller der Fahrtwind keineswegs. Die Karosserie-Außenflächen des Motorrollers mit ebenem Fußboden hielten den Fahrtwind vom Zylinder ab. Ausnahmen bildeten nur jene Roller, bei denen das Triebwerk über dem Vorderrad lag (z. B. Servos, ASB-Kleinroller, Walba-Lastenroller) und somit stets Frischluft »schnupperte«.

Die Kühlung

Bei den anderen Motorrollern mußte indessen die Behinderung der Kühlluftströmung um die in Fahrzeugmitte angebrachten Motoren mittels großer Unterbrechungen der Blechkleider klein gehalten und in der Zylinderverrippung berücksichtigt werden (Ur-Lambretta).

Bei überwiegend geschlossener Umkleidung des Motorraums war die Versorgung des Motors mit Luftströmung notwendig – entweder durch Gebläse oder durch Windlauf. Das erste Verfahren (Zwangskühlung) war verbreiteter, verbrauchte aber auch ein Teil der Motorleistung, der bei hoher Drehzahl, also auch bei der Höchstgeschwindigkeit, unter Umständen 10 Prozent erreichen konnte. Das zweite Verfahren führte durch das Ansteigen des Temperaturpegels aber ebenfalls zu Minderleistungen und konnte außerdem Startschwierigkeiten in heißem Zustand mit sich bringen. Zudem störte der strömungsgünstige Windlauf das Rollerdesign und vereitelte den eben durchgehenenden Fußboden, das Ideal des Beinraumes.

Bei der Vespa zählt die Gebläsekühlung bis heute zu den Grundprinzipien; damit ist auch im Stand stets ausreichende Kühlung gewährleistet. Die Luftzuführung geschieht mittels des direkt auf der Kurbelwelle sitzenden Lichtmaschinen-Rotors, der mit Luftschaufeln ausgerüstet ist. Je höher die Drehzahl der Piaggio-Maschine, desto kräftiger verteilt sich die Luftmenge über die Rippen des Zylinders.

Auch die einst konkurrierende Rollerfamilie aus Neckarsulm, die NSU-Lambretta und die NSU-Prima-Modelle, bezogen ihren frischen Wind aus dem Gebläse, was volle Kühlung selbst bei stundenlangen Paßfahrten im ersten Gang garantierte (NSU-Werbung: »Ähnlich dem Volkswagen«).

Einem mehr oder weniger wohlwollenden Fahrtwind überließen die Techniker der Nürnberger Zündapp-Werke die Kühlung ihres Bella-Roller-Motors. Mitbestimmend war die Überlegung, aus Geräuschgründen auf das Gebläse zu verzichten. Tatsächlich beherrschte die Bella-Herstellerfirma die thermischen Probleme; die Zündapp-Zweitakt-Motoren erreichten im Rolleralltag hohe Dauerleistungen und bewiesen ausgezeichnetes Stehvermögen, was wesentlich zum Erfolg der Bella beitrug.

Dort, wo andere Roller auf dem Trittbrett »Raum zum Tanzen« hatten, zog sich bei der Bella ein klobiges Kühl-Leitblech zum Heck. Es führte den Fahrtwind auf den großverrippten Fächer-Zylinderkopf. Die Kerze, und damit die heißeste Zone, erhielt die Kühlung »aus erster Hand.« Originalton Zündapp: »Unser Bella-Motor benötigt kein kraftverzehrendes Gebläse, jeder Tropfen Kraftstoff wird für die Antriebsleistung ausgenützt.«

Wie bei der »Bella« entfiel auch beim Braunschweiger Panther-Roller vom Typ »Karat« das Kühlgebläse, weil die Luftzuführung durch einen am Boden befindlichen Luftschacht gelöst werden konnte. Dafür verzichtete die zweirädrige Raubkatze (die in England aus markenschutzrechtlichen Gründen nur als »Leopard« firmieren durfte) aber vollkommen auf den freien Durchstieg und bildete den notwenigen Mitteltunnel als durchgehende Sitzbank aus – für Fans reinrassiger Motorroller eine Zumutung, nach Ansicht seiner Urheber »die völlig neue Form des voll verkleideten Motorrads«. Bei den heute auf dem Markt angebotenen Motorrollern sorgt ohne Ausnahme ein Gebläse dafür, daß das Triebwerk auch im heißesten Großstadtsommer kühl bleibt.

Die Kraftübertragung Daß die Vespa der Hauch der Genialität streift, liegt nicht allein an ihrer Gesamtkonzeption als vielmehr an der Plazierung des Motors. Der sitzt bis heute rechts des Hinterrades und dieses auf der Antriebswelle des Getriebes. Getriebe und Motor schwingen mit dem Hinterrad um einen Drehpunkt unterhalb des Zylinderkopfs. So braucht die Vespa weder Kette noch Kardanwelle für

146

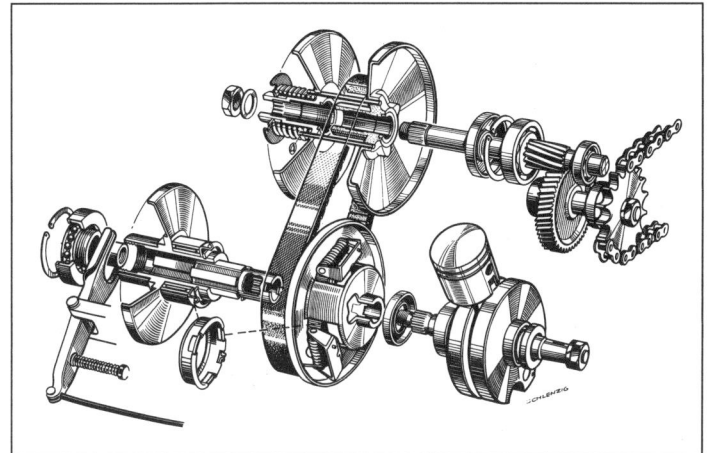

Dieses Bild zeigt die Antriebselemente des DKW-Hobby-Rollers, das „denkende Getriebe", das sich stufenlos über Keilriemen den Drehzahlen anpaßte und später durch Manurhin, den französischen Lizenznehmer, noch durch eine Fliehkraftkupplung ergänzt wurde

den Antrieb des Hinterrades, der direkt durch Stirnzahnräder erfolgt.

Völlig anders als bei der Vespa war der Lambretta-Antrieb. Die Neckarsulmer Lizenzversion hatte auch eine Triebsatzschwinge, bei der Motor, Kupplung, Wechselgetriebe und Hinterradantrieb in einem gemeinsamen Gehäuseblock vereinigt waren. Dieser war etwa am Ende des vorderen Drittels am Zentralrohr drehbar gelagert und stützte sich mittels eines Federbeins hinten gegen dieses Rohr ab. Im Triebsatz befand sich eine Kardanwelle. Später, als NSU zur Fertigung eines eigenen Modells überging, übernahm bei der Lambretta eine Duplex-Kette die Kraftübertragung vom Motor zum Getriebe, und dessen Vorgelegewelle war gleichzeitig die Hinterachse.

Das Gros aller deutschen Motoroller benutzte zur Kraftübertragung eine Kette. Für das Übersetzungsverhältnis war bestimmend, daß das Fahrzeuggewicht meist größer war und die Fahrgeschwindigkeit meist größer sein sollte, der Raddurchmesser aber kleiner war als bei einem Kraftrad, das den gleichen Motor besaß bzw. besessen hätte. In der Regel mußte die zahlenmäßige Übersetzung deswegen knapper sein als bei diesem, die Wegdrehzahl aber größer. Wenn ein größeres Kettenrad am Getriebe keinen Platz hatte, mußte das hintere verkleinert werden. Im allgemeinen konnte man es dann nicht auf die Bremstrommel setzen, wie lange Zeit bei Motorrädern üblich. Kleine Kettenräder beanspruchen die Ketten stärker als größere; unter 13 Zähne ging man nicht.

Die Kettentriebe der Motorroller waren von Anfang an (außer bei den kleinen Stadtrollern) fast durchweg besser gekapselt als an Motorrädern der gleichen Baujahre. So bildete Heinkel den tragenden Kettenkasten aus Druckguß als Ölbadgehäuse aus. Eine Kettenspannvorrichtung war nicht mehr notwendig. Puch leitete über einen Schlauch überschüssiges Öl aus dem Getriebe auf die Kette.

Bei der Kraftübertragung der heute angebotenen Rollermodelle hat es wenig Revolutionäres gegeben, jedoch erfreuliche Verjüngungskuren. So überträgt bei der Yamaha XC 180 Cygnus das stufenlose Automatikgetriebe die Motorkraft über einen Zahnriemen ruckfrei aufs Hinterrad. Und zwar ohne Schmieren, Spannen und andere »Drecksarbeiten«. Automatisch geschieht dies ebenfalls über Keilriemen bei den Honda- und Yamaha-Motorrollern der neuesten Generation.

Stufenlose Getriebeautomatik contra Hand- und Fußschaltung
Die Nachfahren der klassischen Vespa- und Lambretta-Roller verzichten heutzutage auf Fuß- und Handschaltung und sind fast durchweg nur noch mit Automatikgetriebe zu haben. Allenfalls eingefleischte Vespa-Fans setzen ihre schöne Italienerin (etwa das Modell PX 80 E) noch mit Drehgriffschaltung und Kupplungshebel in Gang, kommen aber auch nicht schneller als mit Fliehkraftregelung aus dem Startloch.

Seit April 1984 liefert die Vespa GmbH in Augsburg folgende Roller mit stufenloser Getriebeautomatik: PK 50 S, PK 80 S und PK 125 S; das jeweils günstigste Übersetzungsverhältnis wählt die Vespa-Automatik stufenlos mittels eines hydraulischen Steuersystems. Nach ähnlichem Prinzip arbeiten auch die automatischen Getriebe der Japaner mit ihrer Fliehkraftkupplung, die ihre Leistung über Keilriemen und nicht nach Vespa-Manier über Zahnräder aufs Hinterrad übertragen. Anfang der fünfziger Jahre wagten die Rollerfahrer von derartigem Fahrkomfort nicht einmal zu träumen. Im Gegenteil: sie freuten sich schon, wenn ihr leidlich wettergeschütztes Zweirad sich überhaupt schalten ließ oder gar über ein Zweigang-Getriebe verfügte. Dr. Ing. W. Lieb, Hersteller der simplen Lutz-Roller in Braunschweig, schrieb im Januar 1952 an den Sachverständigen Ingenieur Dr. Günther Winkler:»Irgendwelche Sportfahrer, die erfahrungsgemäß etwa fünf Prozent der Motorradkunden und ungefähr 0,1 Prozent der Rollerkunden darstellen, erzählen den teilweise unerfahrenen Händlern und in Biertischgesprächen die Nachteile von Ein- und Zweigangschaltungen. Es fallen vor dem staunenden Zuhörerkreis die Schlagworte von ›Übergängen‹, Loch im Vergaser,

148

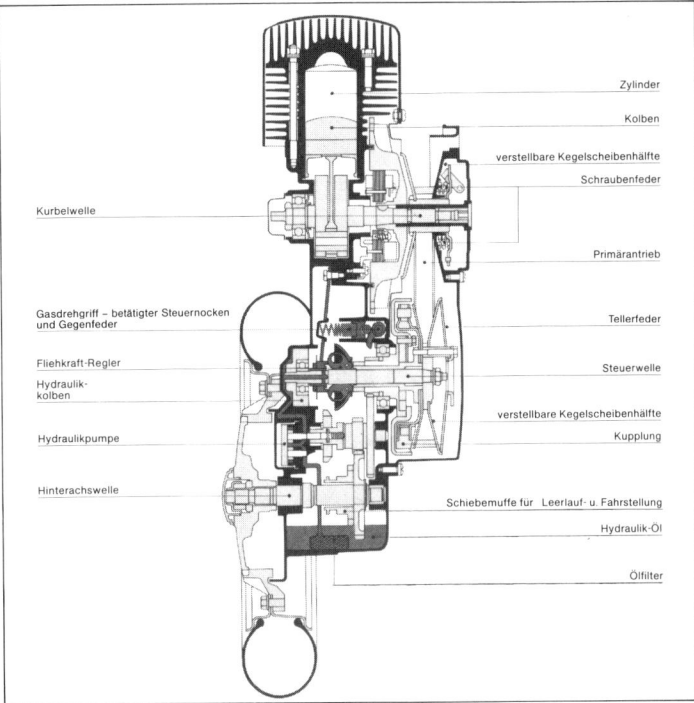

Zylinder
Kolben
verstellbare Kegelscheibenhälfte
Schraubenfeder
Kurbelwelle
Primärantrieb
Gasdrehgriff – betätigter Steuernocken
und Gegenfeder
Tellerfeder
Fliehkraft-Regler
Steuerwelle
Hydraulik-
kolben
verstellbare Kegelscheibenhälfte
Hydraulikpumpe
Kupplung
Hinterachswelle
Schiebemuffe für Leerlauf- u. Fahrstellung
Hydraulik-Öl
Ölfilter

Hier eine Schema-Zeichnung des neuesten Automatik-Getriebe von Vespa/Piaggio. Es handelt sich um ein Getriebe mit hydraulischer Regelung. Die Fahrstufen sind abhängig von der Gasgriffstellung und vom Fahrwiderstand

usw., und was der Ortsmatador am Sonnabendabend am Biertisch erzählt, ist am Sonntag die Weisheit des ganzen Dorfes«. Liebs Lamento erfolgte nicht ganz zu Unrecht. Tatsächlich war die Rollerkundschaft in der Regel noch sehr unerfahren im Umgang mit Motorfahrzeugen und gerade dem Radfahrer- oder Fußgängerdasein entfleucht. Und diesem Kundenkreis, welcher vor jeder geschlossenen Bahnschranke oder Verkehrsampel zitterte, weil ein Schaltmaöver erforderlich wurde, sollte ein Vier- oder noch mehrgängiges Getriebe zugemutet werden?!
Lieb plädierte für das Zweiganggetriebe, stellte es doch die geringsten Anforderungen an den Rollerpiloten. Letztlich aber pendelte sich die Gangzahl bei der Konkurrenz auf drei Gänge (Faka-Tourist, Heinkel-Tourist, Hoffmann-Vespa, Isaria-Goggo oder NSU-Lambretta) und vier Gänge (Bastert-Einspurauto, Isaria-Goggo 200, Maicomobil, Pirol-Miranda, Zündapp-Bella) ein.
Das Gros der Roller des Jahrgangs 1954 verfügte über Fußschaltung und nicht über die Handschaltung am Lenker mit ihren langen Bowdenzügen.

Die Vorstellung vom vollautomatischen Getriebe ließ sich zur Blütezeit des Rollerbaus zunächst nicht verwirklichen. Es gab solche Getriebe bislang nur im amerikanischen Automobilbau. Eine deutsche Entwicklung, speziell abgestimmt auf das »zivilisierte Zweirad«, hätte den Roller preislich mit dem Kleinwagen gleichgestellt, welcher doch erhebliche Vorteile gegenüber dem Roller aufwies. Erst 1954 brachte die Auto-Union als erste deutsche Firma unter den Zweirad-Herstellern einen Roller mit vollautomatischem, stufenlosem Getriebe (System Uher) auf den Markt. Der Preis war sensationell: unter 1.000 Mark.

DKW bringt das erste Automatik-Getriebe »Nicht schalten – nur fahren« war die Devise dieses DKW-Gefährts, dessen technischer Komfort im Vergleich zu seinem niedrigen Anschaffungspreis viel gerühmt wurde. Der vollautomatische Drehmomentwandler ersparte jede Überlegung, ob der Fahrer Kuppeln, Schalten bzw. welchen Gang er wählen sollte. Eine Drehung am Gasgriff genügte, und das vollautomatische, stufenlose Getriebe des DKW-Hobby wählte nach physikalischen Gesetzen die jeweils richtige Übersetzung. Dadurch wurde auch das Kuppeln beim Schalten überflüssig, beim Anfahren und Anhalten besorgte es eine ebenfalls automatische Fliehkraftkupplung.

Die Hobby-Fahrer konnten sich beim »Motorwandern« ganz auf den Verkehr konzentrieren. Besser ins Technikmuseum hätte von Anfang an die elektrische Schaltung der Victoria-Peggy-Roller gepaßt, die nie die volle Reife erreichte. Ein Druck auf die Taste am Lenker – und schon schaltete sich der gewünschte Gang (oder aus jedem Gang der Leerlauf) im Kugel-Ziehkeilgetriebe ein.

Bei der elektomagnetischen Schaltung des Peggy-Rollers waren, entsprechend den vier Gängen, vier Magnetspulen und vier Zahnradpaare nebeneinander angeordnet, aber nur ein Magnetkern mit Ziehkeil. Die Schaltung wurde durch Druck auf einen Knopf (für jeden Gang) bewirkt und so einen blitzschnellen Gangwechsel ermöglichte.

Daß die Victoria-Werke große Schwierigkeiten hatten, diese Finesse zur Praxisreife zu bringen, geht draus hervor, daß der Peggy-Roller schon 1953 auf der IFMA vorgestellt wurde, aber der Verkaufsbeginn noch lange auf sich warten ließ. 1956 war der Peggy-Roller schon wieder gestorben!

Die SES-Schaltung spielte später noch kurze Zeit in der »Swing« (einem 200-cm³-Motorrad von Victoria) eine Rolle, aber sie war eine geniale Sackgasse.

9 Blick nach vorn

9.1. SIEHT SO DIE ROLLER-ZUKUNFT AUS?

Der Vorderbau des Honda Stream ist nur noch mit einem federbelasteten Gelenk mit der Tandem-Hinterachse verbunden. Der Fahrer thront auf einem üppigen Sessel

Honda hat es geschafft. Der Stream, ein ungewöhnlicher Roller mit drei Rädern, fand jetzt sogar auf intergalaktischer Ebene Beachtung. Ein nicht bierernst zu nehmender Test.

Ja, da knackt's doch in der Elektronik. Die Primitiven von der Erde funken zum Angriff auf unsere Mobil-Industrie. Honda-Stream heißt die Kampfansage vom anderen Stern. Das Styling haben die Techniker vom fernen Planeten unseren Raumfahrzeugen abgeguckt: silbern glänzend, zur besseren Strahlenreflektion, die Front spitz wie eine Mondstaubschaufel.

Das Heck des Apparats gleicht einer grazilen Bohnermaschine. Nur böse Zungen behaupten, der kleine Anhänger sehe aus wie ein rasender Schuhkarton auf zwei Rädern.

Da haben die Wesen vom anderen Stern Geschmack und Verstand bewiesen, ein Optimum an Funktionalität in eine verspielt romantische Form gesteckt.

Das Fahrzeug besteht aus zwei Teilen: dem eleganten Vorderbau mit geräumigem Fach unter der Fronthaube für unsere Strahlenschutzhandschuhe, und diesem niedlichen Hinterteil. Die beiden Elemente sind kardanisch miteinander verbunden. Der Fahrer schwenkt mit dem Vorderbau in Schräglage, während das kleine Wägelchen mit beiden Beinen am Boden bleibt. Aber diese Aktion ist nur notwendig, sollte einmal eine Kurve durchfahren werden müssen oder ein Ausweichmanöver not-

Der Gyro von Honda wird schon recht erfolgreich in Amerika verkauft. Diese Aufnahme entstand bei einem Autorennen in Riverside

Der Stream ist Hondas Vorstoß in ein „neues" Motorroller-Zeit-alter. Sein Design ist ebenso futuristisch wie seine Technik

wendig sein. Doch glücklicherweise sind unsere Fahrbahnen kurvenfrei.

Da kommt dann auch nicht zum Tragen, daß das kleine Vorder-rad mit seinem winzigen Durchmesser von acht Zoll nur wenig Fahrstabilität verleiht. Bei ersten Tests auf dem Planeten Erde wurde dem niedlichen Fahrzeug mit seinen schmucken Stoß-

Honda Stream: Technische Daten

Motor
Gebläsegekühlter Einzylinder-Zweitakter, Hubraum 49 cm^3, Nennleistung 2,8 kW (3,8 PS), bei 6500/min., Getrenntschmie-rung, kontaktlose Zündung

Fahrwerk
Einrohrrahmen mit Gelenk in Fahrzeugmitte, geschobene Kurzschwinge vorn, ein zentra-les Federbein hinten, seilzug-betätigte Trommelbremsen vorn/hinten, Radstand 1210 mm, Reifen 3,00−8 vorn/hinten.

Gewicht
81 kg, davon vorn/hinten 32/49 kg, Tankinhalt 4 Liter

Höchstgeschwindigkeit
54 km/h

Verbrauch
3,5 l/100 km

Importeur
Motorrad Spaett, München, noch ohne Zulassung

stangenhörnern auch angekreidet, daß der zweirädrige Motorwagen über Bodenwellen hüpft, weil er ungefedert ist.

Unsere transplanetaren Verkehrswege, die solche Unzulänglichkeiten wie Bodenwellen gar nicht kennen, bringen dieses Kurzstreckenfahrzeug nicht aus der Fassung.

Dagegen freue ich mich über die gediegene Ausstattung. Im Fußraum ist genügend Platz selbst für ausgetretene Mondlatschen, die Fahrerhaltung ist auch im kosmischen Schutzanzug noch angenehm.

Und dann die Handbremse. Der Stream braucht nicht mehr aufgebockt zu werden wie andere, prähistorische »Motorräder«, die es auf der Erde noch gibt. Wieviel Zeit und Mühe der Fahrer dadurch spart, ist unermeßlich. Durch Zug am Handhebel im Kommandostand wird das Gelenk in Fahrzeugmitte arretiert; die Maschine steht. Da wird das Parken zur leichtesten Roboterübung.

Gern nehmen wir dafür in Kauf, daß das Antriebsmodul in dieser fortschrittlichen Karosse etwas antiquiert wirkt: Im eleganten Heck der Maschine arbeitet das, was die Menschen-Zweitaktmotor nennen. Ein Hubkolben-Aggregat mit 50-cm³-Hubraum. Das gibt es bei uns nur noch im Museum. Doch das kleine, geruchsintensive Ding mit Automatik ist sicher eine gelungene Auflockerung auf unseren Verkehrswegen. Immerhin schafft das Modul eine Velozität von 55 km/h.

Ja, zu dieser Fahrmaschine muß man den Menschen auf der Erde gratulieren. Endlich ein Apparat ohne überschwengliche Kompromisse an irdische Straßenverhältnisse. Ein Gerät, das die Wesen am anderen Ende des Sonnensystems eigens für uns konstruiert haben. Oder?

9.2 DREIRÄDRIGER ROLLERPROTOTYP AUF VESPA-BASIS

Roller mit zwei gelenkten Vorderrädern sind vorstellbar? Wenn es nach den Ideen des Erfinders Wolfgang Trautwein geht, werden Fahrzeuge dieser Art sogar bald zum normalen Straßenbild gehören.

Müssen potentielle Vespa-Kunden sich demnächst die Frage stellen lassen, ob es denn ein Fahrzeug mit zwei oder drei Rädern sein darf? Immerhin durchlaufen derzeit zwei ansprechend gestylte Dreirad-Roller ausgiebige Fahrtests.

Dr. Wolfgang Trautwein, 53, Ingenieur aus Meersburg am Bo-
densee, erhielt Mitte 1984 von Piaggio aus Genua zwei Original-
Vespa-Roller, um die von ihm vorgeschlagenen Prototypen auf
Vespa-Basis bauen zu können; ziemlich genau drei Jahrzehnte,
nachdem er zum ersten Mal ein Motorrad mit seinem Doppelfront-Fahrwerk ausgerüstet hatte.

Unter ihren Fronthauben verbergen die Vespa-Dreiräder die
neueste Variante der Trautweinschen Vorderachse für Motorräder, eine Parallelogramm-Achse, bei der die Querstreben als
Dreieckslenker ausgebildet sind. Über die Dreieckslenker erfolgt
auch die Aufhängung am Rumpf des Vespa-Rollers.

Die schmalen 10-Zoll-Räder werden von je einem gezogenen
Längslenker geführt. Dadurch läßt sich Radflattern wirkungsvoll
vermeiden. Die Federung der einzeln aufgehängten Räder be-
sorgen zwei Federbeine.

Lenkkommandos gibt der Fahrer, wie beim Auto, über eine
Achsschenkellenkung an die Räder weiter. Die Achskonstruktion
ist so ausgelegt, daß die Räder sich beim Einschlagen nicht nur
drehen, sondern auch neigen.

Die markanten Trittbretter des Vespa-Dreirades sind fest mit der
unteren Parallelogrammstrebe verbunden, machen also die Be-

Der Meersburger Konstrukteur Trautwein glaubt fest an den Erfolg seiner Doppelfront-Roller. Er beschritt bei der Konstruktion genau den umgekehrten Weg wie Honda beim Stream und Gyro

wegungen dieser Strebe mit. Beim Überfahren einer einseitigen Bodenwelle etwa geht das belastete Rad mitsamt dem dazugehörenden Trittbrett in die Höhe. Gleichzeitig wird das gesamte Fahrzeug angehoben, und das Trittbrett auf der anderen Fahrzeugseite macht eine entsprechende Abwärtsbewegung.

Bedingt durch die Vorderachskonstruktion ist es dem Piloten möglich, sich beim Kurvenfahren wie ein Ski-Bob-Fahrer zu bewegen: Das kurvenäußere Rad grätscht leicht nach unten. Trautwein betont allerdings, daß die Umgewöhnung auf diesen veränderten Fahrstil relativ leicht fällt. Und immerhin bietet das Doppelfront-Fahrwerk nach Aussage von Konstrukteur Wolfgang Trautwein einige (Sicherheits-) Vorteile:

☐ Verminderte Rutschgefahr vorn auf nassem Pflaster, Schienen und so weiter

Schräglagen bis knapp über 45 Grad sollen mit diesem Roller möglich sein. Zudem soll dabei die Lenkfähigkeit kaum beeinträchtigt werden

156

Ungewöhnlich ist die Silhouette der Trautwein-Vespa allemal. Doch sie zeichnet sich durch hohe Fahrstabilität auch in kritischen Situationen aus

Trautwein scheute keinen Aufwand und hängte seine Doppelfront an einem Hilfsrahmen auf. Zudem installierte er zwei Federbeine, einen Lenkungsdämpfer und zwei Scheibenbremsen

◻ Gefahrloses Bremsen, auch in Kurven
◻ Verbesserte Handlichkeit der Maschine, weil Schräglegen und Aufrichten durch Beindruck auf die Trittbretter beschleunigt werden können
◻ Ein Doppelfront-Fahrzeug bietet über der Vorderachse Platz für einen Kofferraum.

Mit welchem Motorrad läßt es sich sonst schon driften, bei welchem kann man im Stand die Füße auf den Rasten respektive Trittbrettern lassen? Wolfgang Trautweins Vorderachse macht es möglich. Auch der Komfort konnte durchaus überzeugen.

Wenn es trotzdem eher still blieb um Trautweins Erfindung, liegt das mit Sicherheit auch an der gewöhnungsbedürftigen Optik, die eine Doppelfront-Achse mit sich bringt. Immerhin hat auch BMW einmal Interesse an der Konstruktion bekundet, sich aber wegen der Entwicklung der K-Reihe und der begrenzten Entwicklungs- und Produktionskapazität schnell zurückgezogen. Die von Piaggio zum Umbau zur Verfügung gestellten beiden Roller, je eine PK 125 und eine PX 200, bieten über der Vorderachse einen Kofferraum mit 35 beziehungsweise 40 Liter Inhalt. Die umgebaute PX 200 hat hydraulische Scheibenbremsen an den Vorderrädern, die PK 125 wird rundum mit Trommelbremsen verzögert. Das Leergewicht der beiden Maschinen erhöhte sich durch die zahlreichen Anbauteile um erstaunlich geringe 15 beziehungsweise 17 (PX 200) kg.

Die Attraktivität der Roller hat unter Trautweins Umbauten nicht gelitten. Sie bieten weiterhin einen hohen Nutzwert, sind wendig und flink. Wenn sich die Fahrsicherheit durch die Dreirad-Technik tatsächlich erhöhen würde, wäre das einem Großteil der Vespa-Kundschaft, die viele Fahranfänger umfaßt, sicher recht.

Trotzdem kann Piaggio sich noch nicht zu definitiven Aussagen über konkrete Produktionsplanungen entschließen. In Genua betont man freilich, das Dreirad-Projekt sei ausschließlich auf die private Initiative Trautweins zurückzuführen. Bei allem Interesse, das man seiner Konstruktion entgegenbringe, müsse zunächst eingehend überprüft werden, ob ein Dreirad-Roller in der aktuellen Vespa-Modellpalette Platz finden könne.

Immerhin haben sich die Italiener schon mal die Option für eine Lizenznahme gesichert.

10 Reisen mit dem Roller

Weltreise durch vier Kontinente Ein Motorroller gilt eigentlich mehr als Stadtfahrzeug. Der Römer Ciancarlo Nuzzo fuhr mit seiner Vespa 70 000 Kilometer um die Welt und notierte seine Eindrücke.

Als ich mir 1974 einen Vespa-Motorroller zulegte, konnte ich noch nicht ahnen, wie weit er mich bringen würde. Denn während der ersten vier Jahre fuhr ich nur in Rom damit herum. Das höchste der Gefühle war ab und zu mal ein kurzer Tagesausflug in die nähere Umgebung.

Aber allmählich begann ich, das Motorroller-Fahren mit der 125 GTR richtig gut zu genießen. Deshalb entschloß ich mich im Sommer 1978, meine erste längere Reise auf zwei Rädern zu machen. Natürlich mit meiner Vespa. Ich gab ihr den Namen »Bombi«. Bevor wir Rom verließen, zeigte der Kilometerstand von Bombi schon 19 000 Kilometer.

Mit all dem Gepäck, einer Camping-Ausrüstung und mehreren Fotoapparaten wie ein Muli beladen, erreichten mein Motorroller und ich wohlbehalten Griechenland. Ein wunderbares Land, trotz ungeheurer Hitze. Ich gondelte 14 Tage von der Küste zum Olympischen Hain – Ort vieler altgriechischer Mythen. Vom Peloponnes nach Thessalien, entlang am tiefblauen, warmen Ägäischen Meer über Mykene, Korinth, Delphi, Tiryns, alles Stätten mit berühmten alten Ruinen.

Beim Überqueren der Grenze zwischen Griechenland und der Türkei tat sich der Orient auf, die Welt mit den religiösen Traditionen der Moslems. Nachdem ich Istanbul, eine aufregende und unglaublich lebendige Stadt, und den Bosporus hinter mir gelassen hatte, fuhr ich ein weites Stück in die verlassene türkische Hochebene hinein.

NORD-
AMERIKA

Yellowstone

Montreal

San Franzisko

Chikago

New York

Los Angeles

Las
Vegas

Tucson

El Paso

Mexiko City

Belize

Panama

Quito

Leticia

SÜD-
AMERIKA

Lima

La Paz

Rio de
Janeiro

Santiago de Chile

Buenos
Aires

Comodoro Rivadivia

Ushuaia-Tierra del Fuego (Feuerland)

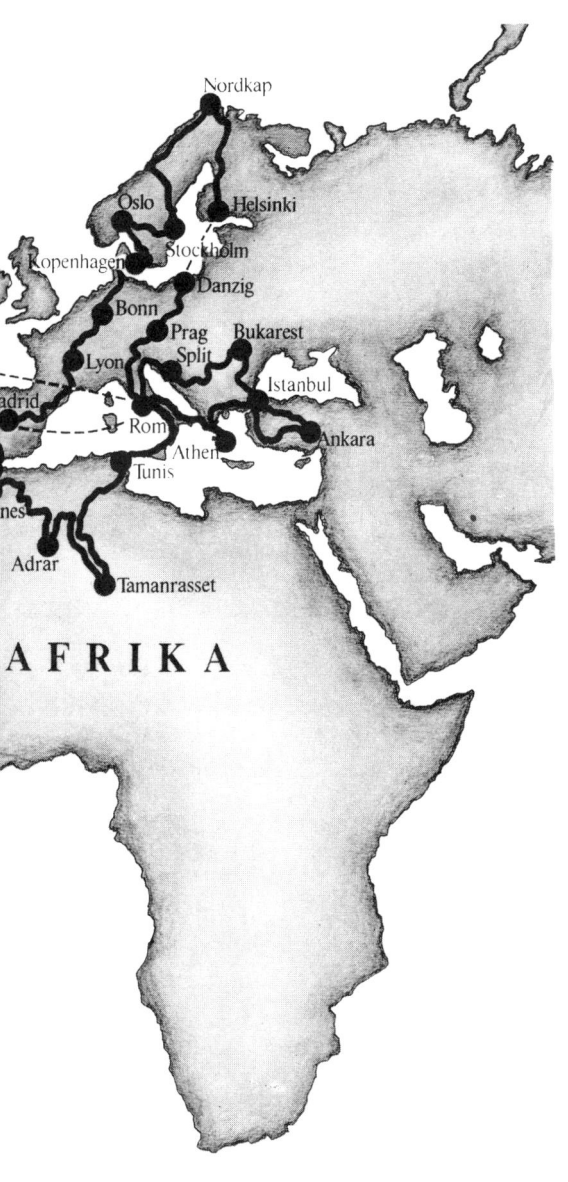

Nordkap

Oslo · Helsinki

Kopenhagen · Stockholm

Danzig

Bonn

Prag · Bukarest
Lyon · Split

adrid · Istanbul

· Rom · Ankara
Athen
Tunis

nes

Adrar
· Tamanrasset

AFRIKA

Gigantisch: Nach einer Rundreise durch Europa, Kleinasien und Afrika bereiste Giancarlo Nuzzo auch die beiden amerikanischen Kontinente und legte dabei über 70 000 Kilometer zurück.

Dreiste Knirpse, scheue Frauen

In den kleinen Dörfern sorgten immer nur die Kinder für Aufregung: 25 Knirpse betaschten jeden Gegenstand an meiner Vespa. Die Frauen, fast alle verschleiert, eilten vorüber, ohne mich eines Blickes zu würdigen. In den Nächten konnte ich die Klagegesänge der Muezzin hören, die von den Minarett-Türmen herab beteten.

Nach eineinhalb Monaten Motorroller-Urlaub nahm ich wieder Kurs auf Italien. Dabei durchfuhr ich die sozialistischen Balkanstaaten Bulgarien, Rumänien und Jugoslawien. Bombi machte während des ganzen 8 500-Kilometer-Trips keinerlei Schwierigkeiten.

Die Fahrt hatte mein Selbstvertrauen gestärkt. Deshalb entschloß ich mich nur wenige Monate später, mit Bombi wieder auf Tour zu gehen. Dieses Mal wollte ich zum Nordkap in Skandinavien über die Tschechoslowakei, Polen und Finnland dorthin fahren.

Eine Woche nach dem Aufbruch in Rom ging ich im polnischen Gdingen, im ehemaligen Danzig, an Bord eines Fährboots nach Helsinki. Nach zwei stürmischen Nächten auf der Ostsee war ich am dritten Tag froh, als ich die finnische Küste sehen konnte.

Während der nächsten Tage blieb ich in Helsinki. Der Regen hörte überhaupt nicht wieder auf. Trotz des miserablen Wetters setzte ich meine Reise fort. Eines Abends suchte ich im finnischen Seengebiet nach einer trockenen Unterkunft. Ich fühlte mich einsam und war deprimiert. Plötzlich hörte ich deutlich und unmißverständlich das Geräusch eines Viertakt-Einzylinders in der Stille. Ein kleiner Japaner rollte aus und stellte seine Honda XL 250 direkt neben meine Vespa.

Es dauerte nur wenige Minuten, bis wir bei einem heißen Tee beisammen saßen und uns über das Nordkap unterhielten. Als wir darauf kamen, daß sich hier zwei Globetrotter mit gemeinsamem Ziel getroffen hatten, beschlossen wir zusammen weiterzufahren.

In den nächsten Tagen fuhren eine Vespa aus Rom und eine Honda aus Yokohama durch die riesigen Nadelwälder nach Norden. Hinter Rovaniemi bekamen wir die ersten Rentiere zu Gesicht. Weit weniger angenehm waren die Moskitos in der Nähe der Lappensiedlungen.

Endlich passierten wir den Polarkreis. Das Aussehen der Landschaft und die Flora änderten sich zusehens: keine Laub- und Nadelwälder mehr, nur noch Moos und Flechten. Und völlige Stille, nur unterbrochen vom Geräusch unserer Motoren. Ver-

mummt wie Polarforscher starrten wir auf die Thermometernadel, die selten über null Grad Celsius anzeigte, und das im Hochsommer.

Nachdem wir die norwegische Grenze überfahren hatten, erreichten wir Kafjord. Von dort brachte uns ein mächtig qualmendes Fährboot zur der kleinen Insel Hannigsvaag, auf der das Nordkap liegt. Die letzten 34 Kilometer auf einem ungepflasterten Weg waren sehr anstrengend. Vorbei an Bergen, Gletschern, durch dicken Nebel und peitschenden Wind erreichten wir am 28. Juli 1979 um zehn Uhr morgens das Nordkap.

Wo das letzte Fleckchen Europa die arktische See berührt, hielten wir notgedrungen an. Vor uns am Horizont schien fahl die Mitternacht-Sonne. Vom Nordpol trennten uns nur noch 1 800 Kilometer Wasser und Eis. Zwei Tage später nahmen mein japanischer Freund und ich Abschied. Unsere Wege trennten sich.

Ich durchquerte Norwegen, Schweden, Dänemark, die Bundesrepublik Deutschland und Frankreich. An der Cote d'Azur konnte ich endlich meine dick gefütterte Jacke, den Regenanzug und die Gummistiefel ablegen. Von Frankreich aus nahm ich Kurs auf Spanien für den zweiten Teil meiner geplanten Tour: eine Durchquerung der Sahara.

Eiskalt: Der Autor mit seiner Vespa vor einem Gletscher im arktischen Grönland

Schon die ersten Eindrücke in Marokko wirkten auf mich, als ob ich eine Zeitschwelle überschritten hätte: winzige Straßen mit Menschengewimmel, Bettlern, Hirten, alle barfuß mit Kaftan und Turban. Jeder mit Ziegen, Schafen, Eseln oder Kamelen im Gefolge. Nach Tanger fuhr ich auf dem Rücken des Riffs entlang. Dort mischte ich mich in das Gewimmel in der Kabah, des alten Araberviertels, um nach einer billigen Übernachtungsmöglichkeit zu schauen.

Aber erst in Algerien machte ich die erste wirkliche Erfahrung mit der Sandwüste Sahara. Der große westliche Erg, dieser trostlose und trotzdem faszinierende Landstrich von Sanddünen, verschluckte meine Vespa und mich, als wir die Tanezrouft-Route fuhren. Langsam bewegten wir uns auf die bekanntesten Oasen der algerischen Sahara zu: Figuig, Beni Abbés, Timioun. Bei konstanter Temperatur von 60 Grad gibt es außerhalb dieser Ansiedlung kaum Leben.

Meine Vespa bekam einen Spezial-Luftfilter verpaßt und eine Vergaser-Inspektion. So vorbereitet bot sie die beste Gewähr fürs Durchkommen.

In der Oase von Adrar suchte ich die Polizeistation auf, um nach der Befahrbarkeit der Piste nach Süden zu fragen. Die Antworten klangen alles andere als ermutigend. »Schwierig, fast unpassierbar, für einen Motorroller unmöglich«, die Urteile wurden immer vernichtender. Sicherlich war ich schon längst vom »Afrikanischen Bazillus« befallen, sonst hätte ich nicht unbedingt darauf bestanden, den Staat Niger auf jeden Fall zu erreichen. Kurz vor der Grenze jedenfalls wurde der Sand so weich und tief, daß an ein Fortkommen nicht mehr zu denken war. Deshalb kehrte ich um und erreichte Tamanrasset über die Route des Wendekreises des Krebses.

Zwei Oasen und 1500 km Sahara dazwischen Ein paar Tage später war ich schon wieder in der Wüste, diesmal aber auf dem Heimweg. Die Piste: 1 500 Kilometer Sahara mit nur zwei Oasen, in Salah und El Golea. Nach 700 Kilometern in der Nähe des Arak-Tals stieß ich auf Tuaregs, stolze Nomaden der Wüste. Zwei Tage blieb ich bei ihnen, war ihr Gast, aß ihre Speisen und trank ihr Wasser. Um sie nicht zu brüskieren, mußte ich aus ihren Schüsseln mit ihren Löffeln essen und das Nachtlager mit ihnen teilen.

Nach dem Abschied von den Tuaregs brauchte ich dann bis Tunis weniger als eine Woche. Von dort nahm ich ein Schiff nach Sizilien und war schon drei Tage später in Rom. In drei Monaten hatte die Vespa nicht weniger als 20 576 Kilometer zurück-

Heiß: Sanddünen und schroffe Berge mitten in der Atakama-Wüste von Peru

roma
capo
nord
sahara
I

CANADA
TIERRA DEL FUEGO
G.Nuzzo
Bombi
3
trans american tour

Mondlandschaft: In der Hochwüste Moon Valley in Bolivien ist ein Vorankommen abseits der Hauptstraße nur mit Gewalt möglich

Linke Seite oben: Roller kontra Kamel: Ein friedlicher Beduine läßt sich zum Schnapp-schuß überreden

Darunter: Besuch bei den Indios: Eine willkommene Abwechslung in 4000 Metern Höhe in den peruanischen Anden

*Alpenpanorama: Kurze Rast vor den Anden für ein Foto auf der argentinischen Hoch-
ebene von Patagonien*

gelegt und war trotz größter Strapazen technische völlig in Ordnung.

Die guten Erfahrungen, die ich mit Bombi gemacht hatte, reizten mich zum erneuten Aufbruch. Ich wollte in sechs Monaten von Kanada bis an die südlichste Spitze Südamerikas, nach Feuerland (Tierra del Fuego) fahren. Und zwar ganz allein. »Nicht zu machen, unmöglich, unrealistisch«, lautete das Urteil meiner Freunde. Vielleicht hatten sie recht, aber mich lockte das Abenteuer, und ich hatte keine Lust, daheim zu bleiben. Während des Winters wechselte ich die Reifen, die Zündkerzen, den Gepäckständer, und malte meine Vespa schön blau an. Das waren die ganzen Vorbereitungen. Es blieb gerade noch Zeit, etwas Geld bei einigen Gönnern zu sammeln, dann war es wieder soweit.

Am 19. Juni 1980 erreichte ich mit einem Jumbo-Jet New York. Was für einen Heidenspaß, dort mit der Vespa zwischen den dikken amerikanischen Straßenkreuzern die 5th Avenue, den Broadway, die Brooklyn-Bridge und an den riesigen Wolkenkratzern von Manhatten entlang zu fahren.

Ich verließ New York und fuhr nach Kanada. Vorbei an Ottawa, Montreal, Toronto hinauf nach Chibougamou. Durch riesige Nadelwälder über Flüsse und vorbei an Seen von einer Größe, wie ich sie in Europa noch nie gesehen hatte.

Nach dem Trip durch Kanada machte ich mich in den USA auf nach Westen. Meiner Meinung nach liegen dort die interessantesten Ausflugplätze: der Grand Canyon mit dem Colorado River, die Rocky Mountains, der Yellowstone Park. Über San Franzisko, Arizona, Neu Mexiko und Nevada kam ich an die Grenze nach Mexiko.

Das Wetter änderte sich. Denn zwischen Juni und Dezember herrscht in Mittelamerika Regenzeit. Aber die unglaublich interessanten Überreste der Azteken- und Mayakultur in Mexiko halfen mir über das schlechte Wetter hinweg.

Als ich in Guatemala gerade darüber nachdachte, wie phantastisch Bombi seinen Part erledigte, erwischte es uns auf einem fürchterlichen Weg in einem Wald mit tropischen Gewächsen. Ich fuhr gegen einen großen Stein, den ich glatt übersehen hatte. Glücklicherweise fand uns eine Gruppe Feldarbeiter mit einem Lastwagen und brachte mich und den verbeulten Roller nach Guatemala City. Nach der Reparatur des Rollers und der Heilung meiner Sturzverletzung ging die Reise nach El Salvador weiter, einem vom Guerilla-Krieg heimgesuchten Land. Von

Panama nach Kolumbien mußte ich eine Schiffspassage buchten, da die Straße nur auf der Landkarte existierte. In Wirklichkeit war da ein undurchdringlicher Dschungelpfad.

Mit dem Flugzeug nach Leticia Da ich auf meine Vespa als Schiffsfracht sowieso noch einige Tage warten mußte, wollte ich spontan einen Kurztrip ins Amazonasgebiet unternehmen. In Bogota bekam ich einen Platz in einem schon sehr klapprigen zweimotorigen Charterflugzeug nach Leticia, einer Stadt im Süden Kolumbiens an den Ufern des Amazonas gelegen.

Das grüne Meer der Amazonas-Wälder ist aus der Luft ähnlich eindrucksvoll wie aus einem Indianer-Kanu. Das Transportmittel der Rothäute hatte ich mir gemietet, und sein Besitzer und Führer zeigte mir einen der unzähligen Nebenflüsse des Amazonas. Entlang des Flußufers besuchte ich die Siedlung der Yagua und Tikuna, zwei der vielen Eingeborenenstämme, die dort in dem grenzenlosen Urwald hausen. Als ich in die Zivilisation zurück an die Küste kam, hatte sich meine Vespa eingefunden, so daß ich meine Reise fortsetzen konnte.

Die Anden, die längste Gebirgskette der Welt, erwartete mich mit Bergspitzen von fast 7 000 Metern. Ein Königreich des Schweigens in dünner Luft, das Land der Indios mit ihren Hüten und Ponchos, das Reich der sanft klagenden Flötenlaute und der Supergeier, der Kondore.

Ich fuhr von Kolumbien nach Ecuador und von dort nach Peru hinein. Dort erreichte meine Vespa auf dem Anden-Plateau auch ihre Rekordhöhe: der Ticlio-Paß in Peru liegt 4 843 Meter über dem Meer.

Mein Kampf mit den staubigen und steinigen Straßen wurde nur von häufigen Vergaser-Reparaturen unterbrochen. In der großen Höhe lief der Motor leicht mit zu fettem Gemisch. Und die Paßstraße entlang dem Plateau verläuft zwischen Bolivien und Chile permanent zwischen 3 000 und 4 000 Metern Höhe.

Das Gefühl, das ich auf diesen kaum drei Meter breiten Pfaden immer nahe am Abgrund hatte, ist schwer zu beschreiben. In fast unwirklicher Stille grasten die Lamas, dazu passend die Indios in ihren farbenfrohen Gewändern, stoisch Cocablätter kauend. Auch ich nahm zu diesem südamerikanischen Rauschmittel Zuflucht, wenn ich vom vielen Fahren und Schauen übermüdet war und noch weiter mußte.

Die dauernde Gefahr, über den Rand der Straße zu fahren und abzustürzen, zehrte an den Nerven und senkte den Fahr-Durchschnitt. Bei dem Besuch von Machu Picchú, der Inka-Grenzburg,

170

dem Titicacasee und La Paz legte ich mehr als 2000 Kilometer über diese erbärmlich schlechten und staubigen Wege zurück, in weniger als einer Woche hatte ich ganz Chile auf Asphaltstraßen von Norden nach Süden durchquert. Die Strecke von der dürren Wüste Atacama über Santiago bis in die subantarktische Gegend war 2500 Meter lang.

Im Süden von Chile, in der Provinz Oscorno, als ich die Herumstehenden nach einer Übernachtungsmöglichkeit fragte und zu einer religiösen Gesellschaft geschickt wurde, gab es ein denkwürdiges Zusammentreffen. Gerade als ich meinen Schlafsack auf dem Holzlatten-Fußboden ausgebreitet hatte, ging die Tür auf. Ein großer blonder Deutscher im Trainingsanzug kam herein. Mit einem völlig überladenen Motorrad kam er gerade von einem 18-Monate-Trip durch Südamerika und war auf dem Weg nach Feuerland. Neidlos mußte ich anerkennen, daß er wohl noch etwas mehr als ich erlebt hatte.

Wir schlossen gerade Freundschaft und tauschten Erfahrungen aus, als sich die Tür wieder öffnete. Herein kam ein junger Engländer mit einem Monstrum von Rucksack auf dem Rücken. Er kam gerade von Feuerland und war seit zwei Jahren als Tramper unterwegs. »Der hat noch mehr erlebt als wir beide zusammen«, mußte ich unwillkürlich denken.

Anschließend überquerte ich ein letztes Mal die Anden und rollte nach Argentinien hinein. In Patagonien, einem flachen, ungeheuer weiten Landstrich, bläst ständig ein kräftiger Wind. Es ist eines der größten zusammenhängenden Gebiete der Welt und erstreckt sich von den Anden bis zum Atlantischen Ozean ganz im Süden dieses Kontinents. Da dort kaum Menschen zu finden sind, ist es für die vielen wilden Tiere ein Paradies.

Meine unmittelbare Nähe zur ungezähmten Natur ohne die korrigierende Hand des Menschen löste in mir die bemerkenswerteste Stimmung während der ganzen Reise aus. Tief verschüttete und vom Großstadtleben verdrängte Erfahrungen kamen an die Oberfläche und ließen in mir ein fast mystisches Naturgefühl aufkommen. Ich fühlte mich eins mit der Landschaft.

Die Naturnähe überwältigte mich

Dieses Gefühl steigerte sich noch vor dem Perrito Moreno-Gletscher am Argentino-See, in der Nähe von Feurland: Ein Eiswall, rund 100 Meter hoch, gab unheimliche Laute von sich, um von Zeit zu Zeit mit ohrenbetäubendem Krachen zerberstendes Eis in den See zu schleudern. Tagelang saß ich andächtig im respektvollen Abstand, um das Naturschauspiel zu beobachten. Am 4. Dezember 1980 erreichte ich Ushuaia: Da hörte das Fest-

171

land auf. Ushuaia auf der Insel Feuerland ist die südlichste Stadt der Welt. Südlicher gibt es nur noch die Gletscher von Kap Hoorn.

Nach dem Erreichen des gesteckten Ziels fuhr ich nordwärts nach Buenos Aires – gerade noch mal 3 000 Kilometer mit meiner Vespa – und war per Flugzeug am 30. Dezember wieder in Italien. In sechseinhalb Monaten hatte ich von Kanada nach Feuerland 39 343 Kilometer zurückgelegt, ohne die notwendigen Schiffs- und Flugpassagen.

Und das Befinden von Bombi, meiner treuen Vespa? Sie hat jetzt 100 000 Kilometer auf dem Tacho. In einer Garage wartet sie darauf, daß ich die Reifen und die Zündkerze wechsle. Dann ist sie wieder startklar . . .

Reisedauer- und Strecken

	Balkan und Türkei	Nordkap und Sahara	Nord- und Mittel- amerika	Süd- amerika	Insge- samt
Reisedauer in Tagen	50	91	101	92	334
Fahrtage	42	71	70	55	258
Fahrstunden	169	417	481	205	1 272
Kilometer	8 408	20 576	25 144	14 199	68 327
Tages-Durchschnitt in Kilometern	200	290	360	258	265

Reisekosten

	Balkan und Türkei	Nordkap und Sahara	Nord- und Mittel- amerika	Süd- amerika	Insge- samt
Benzin (Liter)	324	721	985	377	2 407
Benzinkosten	94,40	281,15	247,25	140,55	763,45
Verpflegungskosten	154,40	285,70	358,05	295,55	1 093,70
Übernachtungskosten	143,35	187,65	274,30	204,65	809,95
Verschiedene und unvor- hergesehene Kosten	54,15	100,90	343,45	72,40	570,90
Schiffs- und Flugkosten	69,95	108,85	796,55	1 764,25	2 739,60
Kosten insgesamt	516,35	964,25	2 019,60	2 477,40	5 977,60
durchschnittliche Kosten pro Tag	10,30	10,60	20,00	26,90	17,90

11 Wichtige Adressen von A — Z

Clubs, Museen und andere wichtige Adressen für den Roller-Freund

Rollerfahrer sind Individualisten. Doch bei allem Individualismus suchen sie den Kontakt mit Gleichgesinnten. Zu Menschen, die dasselbe Hobby, die gleichen Interessen haben. Speziell die Liebhaber exotischer oder längst ausgestorbener Marken tun sich oft schwer, Ersatzteile, Reparaturanleitungen oder Ähnliches aufzutreiben. Die nachstehenden Adressen sollen deshalb eine Orientierung für alle die sein, die sich nicht mit dem Fahren allein zufriedengeben wollen.

BMW-Veteranen-Club Deutschland
Hans Hartmut Krombach
Im Breiten Feld 10
5910 Kreuztal-Kredenbach

Auto Union Veteranen Club e. V.
Friedrich-Legahn-Straße 14
2000 Hamburg 55

Glas-Club International
Gerhard-Hauptmann-Straße 121
4006 Erkrath 2

Heinkel-Club Deutschland
Klingenberger Straße 90
7100 Heilbronn-Böckingen
(zentrales Ersatzteillager)

Isetta-Club e. V.
Bredkamp 89
2000 Hamburg 55

Goggomobil und Kleinwagen IG
I. und P. Asmus
Äußere Münchener Straße 21
8200 Rosenheim

Deutsches Zweiradmuseum
Deutschordensschloß
7107 Neckarsulm

Kleinschnittger-Freunde
Hauptstraße 18
8581 Gesees

Kleinwagen-Freunde Münsterland
Münsterstraße 4
4409 Haravixbeck

Zündapp-Bella-Museum
Tanneneck
5439 Bad Marienburg-Großseifen

Messerschmidt-Club e. V.
Uwe Voss
Ludwigsallee 1a
5100 Aachen

Victoria-Spatz-Freundeskreis
Ringstraße 49
7057 Winnenden

Museum für Verkehr und Technik
Trebbiner Straße 9
1000 Berlin 61

Steyr-Puch-Freundeskreis
Michael Kuhn
Hohe Straße 40
7024 Filderstadt

Kleinwagenmuseum Störy
Ortsteil Störy
3205 Bockensen

Roller- und Kleinwagenmuseum
4505 Bad Iburg
(von März bis November geöffnet)

Redaktion Motor Klassik
Leuschnerstraße 1
7000 Stuttgart 1

Redaktion Automobil & Motorrad Chronik
Frauenstraße 32
8000 München 5

Redaktion Markt für klassische Automobile
Bahnhofstraße 2
6370 Idstein/Taunus

Ilo-Motoren und Ersatzteile für viele
Oldtimer-Roller
Helmuth Müller
Inhaber B. Staufenbiel
Livländische Straße 6
1000 Berlin 31

Verband der Fahrrad- und
Motorrad-Industrie
Gartenstraße 2
6263 Bad Soden/Taunus

Reprints von Betriebs- und Reparaturanleitungen, Prospekten, KFZ-, Motorrad-
und Rollerliteratur
Hornsche Straße 36
4930 Detmold

Vespa-Club-Deutschland
Alberichstraße 4
8500 Nürnberg 40

Vespa-Fiat-Club 1950 Stuttgart e. V.
Wolfgang Herrmann
Stuifenstraße 16
7000 Stuttgart 1